"十三五"国家重点出版物出版规划项目

新时代学生发展核心素养文库（初中卷）

科学与理性

王细荣　编著

华东师范大学出版社

·上海·

图书在版编目(CIP)数据

科学与理性/王细荣编著.—上海:华东师范大学出版社,2020

(新时代学生发展核心素养文库.初中卷)

ISBN 978 - 7 - 5675 - 8707 - 6

Ⅰ.①科… Ⅱ.①王… Ⅲ.①科学精神-青少年读物 Ⅳ.①G316 - 49

中国版本图书馆 CIP 数据核字(2020)第 030338 号

新时代学生发展核心素养文库(初中卷)

科学与理性

总 主 编　夏德元
编　 著　王细荣
策划编辑　王　焰
项目编辑　舒　刊
责任编辑　陈　震
责任校对　孙祖安
装帧设计　高　山

出版发行　华东师范大学出版社
社　　址　上海市中山北路 3663 号　邮编 200062
网　　址　www.ecnupress.com.cn
电　　话　021 - 60821666　行政传真 021 - 62572105
客服电话　021 - 62865537　门市(邮购)电话 021 - 62869887
地　　址　上海市中山北路 3663 号华东师范大学校内先锋路口
网　　店　http://hdsdcbs.tmall.com

印 刷 者　常熟市大宏印刷有限公司
开　　本　700×1000　16 开
印　　张　11
字　　数　127 千字
版　　次　2020 年 12 月第 1 版
印　　次　2020 年 12 月第 1 次
书　　号　ISBN 978 - 7 - 5675 - 8707 - 6
定　　价　33.00 元

出 版 人　王　焰

(如发现本版图书有印订质量问题,请寄回本社客服中心调换或电话(021 - 62865537 联系))

总序

核心素养（Key Competencies）概念最早见于世界经济合作与发展组织（OECD）在 1997 年 12 月启动的"素养的界定与遴选：理论和概念基础"项目。经过多年深入研究后，OECD 于 2003 年出版了报告《核心素养促进成功的生活和健全的社会》，正式采用"核心素养"一词，并构建了一个涉及人与工具、人与自己和人与社会三个方面的核心素养框架。具体包括使用工具互动、在异质群体中工作和自主行动共三类九种核心素养指标条目。

中国学生发展核心素养于 2013 年 5 月由教育部党组委托北京师范大学牵头开展研究。2014 年 4 月，在教育部印发的《关于全面深化课程改革落实立德树人根本任务的意见》中，确定了"核心素养"的重要地位。其后，在教育部的指导下，成立了由上百位专家组成的课题组。在深入研究和征集社会各界意见的基础上，2016 年 9 月，专家组正式发布了中国学生发展核心素养的框架和内涵。

按照这个框架，核心素养主要指"学生应具备的，能够适应终身发展和社会发展需要的必备品格和关键能力"。中国学生发展核心素养，以科学性、时代性和民族性为基本原则，既考虑了中国社会各界的期待和要求，同时也借鉴了世界各国关于核心素养的研究成果，以培养全面发展的人为核心，分为文化基础、自主发展、社会参与三个方面。综合表现为人文底蕴、科学精神、学会学习、健康生活、责任担当、实践创新六大素养，具体细化为国家认同等十八个基本要点。

2019 年 2 月，国务院印发的《中国教育现代化 2035》中指出："完善教育质量标准体系，制定覆盖全学段、体现世界先进水平、符合不同层次类型教育特点的教育质量标准，明确学生发展核心素养要求。"这说明学生发展核心素养的培养，已经进入国家决策层的视野，成为中国未来人才培养质量整体提高的必然要求。

近年来,围绕中国学生发展核心素养的内涵、外延、培养目标、培养途径等宏观问题,以教育界为代表的各界有识之士展开了广泛而深入的研究,发表了一系列颇有新意的理论成果,并在实践层面做出了可贵的探索。但是,不容忽视的现实是,系统阐释核心素养各个基本要点的基本思想、具体内容、培养途径的著作罕有问世;而能结合培养对象的年龄特点、心理特征、知识背景、社会阅历和培养目标等诸要素,可供家长、教师和学生共同阅读、参照实施的深入浅出的普及读物更是付之阙如。为此,我们特策划组织对学生发展核心素养各个基本要点素有研究、思考和实践经验的高等院校、教育科研机构和中小学优秀教师,共同编写了这套丛书。

本丛书围绕核心素养课题组提出的三个方面六大核心素养诸基本要点,分小学、初中和高中三个阶段,每个阶段针对学生年龄特点,分别按照不同要点设计选题,首批推出三十余种图书。

关于丛书体例,策划者并未做划一的规定;但为体现这套书的总体定位,我们把丛书的撰写要求提炼为四个关键词:

一、发展。以有利于学生人格健全和全面发展为宗旨,不局限于知识的传输,而是着眼于学生的终身发展,把知识积累和能力成长、社会参与、人生幸福结合起来。

二、跨界。跨越学科界限,面向学生、家长、教育工作者等多类读者,尽量就一个方面的问题从多角度展开叙述,使内容更加丰满。

三、启蒙。针对中国教育中存在的现实问题和困惑进行启蒙式的讨论,启发学生、家长、教育工作者反思,解决学生、家长、教育工作者在现实中遇到的困惑,引导学生、家长共同成长、进步。

四、对话。体现对话精神,作者与读者通过文字媒介进行平等对话交流。写作时心里装着读者,让读者阅读时能够感到是和作者在对话,让读者感受到作者的体温和呼吸。为体现这种精神,可以设置问答环节,可以采用对话体,也可以用生活中的真实事例进行阐发。

丛书策划方案定型后，得到上海市委宣传部和国家新闻出版署的高度重视和大力支持；选题列入"十三五"国家重点出版物出版规划项目后，数十位作者殚精竭虑，深入调研，认真撰稿；作者交稿后，出版社十多位编辑精益求精、全心投入，与作者密切联系，反复讨论，改稿磨稿。整个项目前后历时三年，于今终于可以和读者见面了。

希望本丛书的问世，能给广大学生、家长、教育工作者一些切实的帮助，为新时代中国人才培养工作贡献一份力量。对于丛书中可能存在的问题和欠缺，欢迎读者提出批评建议，以便在图书再版时改进。

目录

前言　　　　　　　　　　　　　　　　　　　　　1

一、科学的多维性　　　　　　　　　　　　　　1

（一）理性科学的起源　　　　　　　　　　　3

（二）科学理性的实用性　　　　　　　　　　7

（三）科学的中国化　　　　　　　　　　　11

（四）科学的数学化　　　　　　　　　　　15

（五）科学与正确的关系　　　　　　　　　19

（六）科学的方法　　　　　　　　　　　　23

（七）科学的革命　　　　　　　　　　　　27

（八）中医的科学性　　　　　　　　　　　31

二、科学的跨界性　　　　　　　　　　　　　35

（一）科学与哲学　　　　　　　　　　　　37

（二）科学与宗教　　　　　　　　　　　　41

（三）科学与音乐　　　　　　　　　　　　45

（四）科学与绘画　　　　　　　　　　　　49

（五）科学与历史　　　　　　　　　　　　53

（六）科学的跨学科研究　　　　　　　57

三、科学的过程性　　　　　　　　　　61

（一）科学问题　　　　　　　　　　63

（二）科学观察　　　　　　　　　　66

（三）科学现象　　　　　　　　　　69

（四）科学研究与文献检索　　　　　73

（五）科学预言　　　　　　　　　　76

（六）科学的"试错"　　　　　　　　80

四、科学的非理性　　　　　　　　　　85

（一）科学猜测与假说　　　　　　　87

（二）科学中的"运气"　　　　　　　91

（三）科学的直觉与灵感　　　　　　95

（四）科学好奇心与兴趣　　　　　　99

（五）科学与厨艺　　　　　　　　　103

（六）科学中的"外行"　　　　　　　107

五、科学的社会性　　　　　　　　　　111

（一）科学中的竞争　　　　　　　　113

（二）科学中的合作　　　　　　　　117

（三）科学共同体与"马太效应"　　　121

（四）科学与文化　　　　　　　　　　　　125

（五）科学与技术　　　　　　　　　　　　129

（六）科学与制度　　　　　　　　　　　　133

六、科学的启发性　　　　　　　　　　　　137

（一）科学研究过程中的"周处"　　　　　　139

（二）科学发现的"同时性现象"　　　　　　142

（三）"对牛弹琴"弹出大科学家　　　　　　145

（四）科学研究中的"坚韧不拔"　　　　　　148

（五）科学研究的"动机"　　　　　　　　　152

（六）科学与应用　　　　　　　　　　　　155

前言

在当代中国，"科学"与"理性"是使用频率极高的术语，"科学"与"理性"的旗帜四处飞扬。那么，何为科学？何为理性？它们的关系又如何呢？

1. 关于科学

从唐朝到近代以前，"科学"一词曾偶尔出现在汉语典籍之中，但只是作为"科举之学"的略语，如南宋思想家、文学家陈亮（1143—1194）的《送叔祖主筠州高要簿序》写道："自科学之兴，世之为士者往往困於一日之程文，其至於老死而或不遇。"现代汉语中的"科学"一词，实则来自日本对西文 science 一词的翻译，而science 又源于拉丁文"scientia"，原意为"知识""学问"的意思。其实，science 在 16世纪刚开始从西方传到日本和中国时，中日两国都译为"格致""格物""穷理"这类术语。1874 年，日本近代史上著名的启蒙思想家、哲学家，曾留学荷兰的西周（1829—1897），受法国哲学家孔德（Auguste Comte，1798—1857）知识分类思想的影响，将 science 理解为"分科之学"，并译之为日文"科学"。1879 年，日本近代政治家伊藤博文（1841—1909）在呈给日本天皇的教育提案中提出了"高等学生必须接受科学教育"的主张，表明日文"科学"一词将开始被日本社会广泛采用。1897 年，中国的维新人士在上海筹办大同译书局，组织译书，以推动变法。梁启超在是年 11 月 15 日的《时务报》上介绍了康有为于 1896 年开始编撰，翌年 5 月末完稿的《日本书目志》，其中列有《科学入门》和《科学之原理》。"科学"一词就这样首次从日文汉字变成了中文汉字。经过百余年的演变和发展，并赋予了丰富的内涵，"科学"现已经成为人们耳熟能详的词汇之一。

尽管"科学"在今天是一个妇孺皆知的词汇，但由于科学在它的历史发展中表现为建制、方法、知识、生产力和信仰等形象，体现出不同的特征，人们对其定义可谓众说纷纭、莫衷一是，或者说要一劳永逸地界定科学的内涵和外延，都是相当困难的，甚至是不可能的。不过，受人类本性和求知欲望的驱使，人们还是不厌其烦地从不同角度去界定科学。

有的学者从当下中国人对科学理解的角度，认为科学在现代汉语的日常用法中大致有两个基本的方面。一种用法是指某种社会事业，指称一个人群以及他们所从事的工作，这个人群就是科学家或者科技工作者，这项事业就是"科学"。中国目前实行"科教兴国"的国家战略，这里的"科"字，即是在这个意义上使用的，意思是说，要依靠科学技术专家以及他们所从事的科学技术事业来振兴国家。另一种用法是指某种价值判断，即"科学"经常指对的、正确的、真的、合理的、有道理的、好的、高级的。比如我们说"你这样做不科学"，是说这样做不对、不正确、不应该；如"决策科学化"，指决策要合理化，不能主观蛮干；如"科学发展观"指某种合理的、均衡的发展观，即要纠正某种唯 GDP 主义的发展、竭泽而渔不计后果的发展、导致两极分化的发展；等等①。

有的学者从西方的语境出发，认为科学是在理性、客观的前提下，用知识(理论)与实验完整地证明出的真理，是以英国文艺复兴时期哲学家培根(Francis Bacon，1561—1626)倡导的唯物主义，和以意大利数学家、物理学家、天文学家伽利略(Galileo Galilei，1564—1642)开创的实验方法为基础，以获取关于世界的系统知识的研究，分为以自然现象为对象的自然科学和以社会现象为对象的社会科

---

① 吴国盛. 现代中国人的"科学"概念及其由来[J]. 人民论坛，2012(2)：126—129.

学,从而与艺术、哲学、宗教、文学等相区别。现代科学,还包括以人类思维存在为对象的思维科学。

有的则从中国语境下和基于"信息复杂全息人"的视角,认为科学应是满足人类需要且与知识相关的社会实践活动,即其不但具有知识体系、研究过程、社会建制维度方面所蕴含的意义,还具有思维方式和行为规范维度上的含义。也就是说,"科学"既可以作为研究自然、社会、人类行为的一种思维方式,也可以作为人类个体日常行为规范的准则,如"科学发展观"在党的历史上成为我国进行社会现代化建设的重要指导思想①。

还有的从学科分支来界定科学,即科学意味着一种门类的学科总称或科学的各个分支学科,有自然科学视角下的"科学"和社会科学视角下的"科学"。自然科学视角下的"科学"内涵在于寻找隐藏在自然现象背后的规律,但不包括研究为什么会存在这些规律。在自然科学视角下,"科学"是理论说明的学科;是研究物质的运动、变化与发展规律的;是以"人"外之物为研究对象,其研究的主体是"人";是取向于研究本来客观存在的、在其直接给予性中的自然之广阔的认知领域。社会科学视角下的"科学"的内涵是用一定方法研究人类社会的种种现象,如社会学研究人类社会(主要是当代),政治学研究政治、政策和有关的活动,经济学研究资源分配;社会科学视角下的"科学"研究的是"人"②。

一些现代学者不赞同把科学仅仅看作知识体系,而更认为科学是知识的创造和加工的过程。例如,美国科学社会学家、科学学专家小李克特(Maurice N. Richter Jr.,1931—)认为,科学是"一种社会地组织起来探求自然规律的活动",可谓与保加利亚学者伏尔科夫(T. H. Faircov,1927—2010)的看法异曲同工——"科学的本质,不在于已经认识的真理,而在于探索真理","科学本身不是

---

① 张天波. 事论[M]. 广州:中山大学出版社,2014:512.
② 樊小蒲,赵强,苏婕. 科学名著与科学精神[M]. 北京:光明日报出版社,2013:2—4.

知识,而是产生知识的社会活动,是一种科学生产"。

比较起来,在关于科学的众多的说法中,英国著名物理学家、科学学创始人贝尔纳(John Desmond Bernal,1901—1971)的观点最全面、内容最丰富。他认为,科学"不能用定义来诠释","科学"或"科学的"一词,在不同场合有着不同的意义,因此,科学有众多不同的形象,每一个形象都只反映科学本质的某一个侧面。在贝尔纳看来,科学是"一种建制",可吸引成千上万人为它工作;是"一种方法",即科学家从事科学活动所凭借的一整套思维和操作规则;是"一种累积的知识传统",即科学的积累性、继承性,使得科学"不同于人类的其他大建制,如宗教、法律、哲学和艺术";是"一种维持和发展生产的主要因素";是"一种重要的观念来源",即科学不仅能发挥实用功能,也具有理论功能①。

当然,如果从准确、可验证性并能达到普遍公认的角度讲,科学一词仅指自然科学,其研究对象为自然界的物质形态、结构、性质和运动规律,是人类改造自然的实践经验即生产斗争经验的总结,包括数学、物理学、化学、生物学等基础科学和天文学、气象学、农学、医学、材料学等实用科学。用发展变化的眼光来看,这种科学是人类诸多活动的一个组成部分或一个部门,其根本目标或直接职能是求真——探求关于客观世界的正确的和精确的知识。这样,科学既是探究新知识的活动,也包括这种探究活动的结果即知识体系。据此,科学具有两个基本特征:(一)科学属于生产力的范畴,即作为知识体系,科学与其他社会意识形式或思想体系(如政治法律思想、哲学、宗教、艺术等)有很大的不同,有"一般社会生产力"即"知识形态上的生产力"的属性;(二)科学不仅是知识体系,而且是在一定的社会历史条件下由科学家或科学共同体所从事的认识活动。本书的叙述主要就是在此种意义下展开的。

2. 关于理性

"理性"(英语:reason)一词最早源起于希腊语"逻各斯"(希腊语:λόγος,英

---

① 吴炜,程本学,李珍. 自然辩证法概论[M]. 广州:中山大学出版社,2015:58—59.

语：logos)。在罗马时代,译成拉丁语:ratio。Ratio的拉丁语原意是计算金钱,但在等同于逻各斯后,成为哲学上广泛使用的术语。其译成法语后,成为法语:raison,最后形成了英语"理性"(rationality)与"理智"(reason)的词根。作为西方哲学史上的一个经典概念,"理性"最早始于古希腊哲学家赫拉克利特(Heraclitus,约前540—前470),而古希腊爱奥尼亚哲学家阿那克萨戈拉(Anaxagoras,约前500—前428)的话表述了理性观点的精髓:"理性统治着世界。"他说:"理性在动物中,也在全部的自然中作为秩序和一切安排的原因而出现时,看起来头脑冷静,截然不同于其前辈。"阿那克萨戈拉关于理性的说法在哲学史上产生了深远的影响,因为他由此把一种抽象的原则引入了事物的本质之中[①]。之后,亚里士多德认为,"人是理性的动物",理性是人类独有的一种能力。到了当代,美国著名哲学家罗蒂(Richard Rorty,1931—2007)则对理性的定义作了三种区分:理性的第一种含义就是使用语言的人类比不使用语言的类似人的动物更优越,因为人类用现代技术武装起来更能适应周围的环境,这层意义上的理性有时被叫做"技术理性";理性的第二种含义是人类特别被赋予的一种要素而动物却没有,这种在人类身上所具有的要素就是人的思维能力,它不仅仅是一个适应环境的问题,这种理性思维能力能使人们辨别善与恶、应该做什么和不应该做什么;理性的第三种含义大致与宽容同义。西方文化的传统经常把这三种含义综合在一起使用,但在这三种含义中,第一种含义即"技术理性化"在我们这个时代占据了统治地位,技术理性要发挥它的作用,必须通过一定的方法才能达到[②]。

不过,在当今普通人的眼中,理性首先是指人类的一种认识活动,即人们形成概念,进行判断、分析、综合、比较,进行推理、计算等方面的能力。其意思和"感性"相对,指处理问题按照事物发展的规律和自然进化原则来考虑的态度,考虑问

---

① 刘鹏飞,徐乃楠.数学与文化[M].北京:清华大学出版社,2015.
② 牛秋业.不可通约——费耶阿本德的科学哲学研究[M].北京:光明日报出版社,2010.

题、处理事情不冲动,不凭感觉做事情;其目的在于获得关于事物存在、变化或彼此之间联系的真知。在认识论意义上,理性指的则是理性认识活动及认识的逻辑性和辩证性。从这一意义出发,理性泛指思维能力所支配的人的理智的、得体的、有利于生存发展的行为及其属性。在这一意境下,理性不仅融入社会实践的要求,而且渗入伦理道德的要求。因此,理性具有"两个维度:理论的和实践的。理论维度对应于这种令它的所有听众都表示赞同的话语。至于实践维度,则表达了这一要求:即这种赞同包含了同意按照这种话语规定的指示去做"①。

3. 科学与理性的关系

科学是人类理性生活的重要内容,它的萌发和成长是人类理性成熟和发展的重要成果。而科学的发展,同样使得理性具备了实践活力,并随着科学进步和时代发展而被赋予了不同的内容。科学和理性密切相连,科学本身被视为一项理性的事业。

科学对理性的影响主要表现为:第一,科学发展深化了人类对世界的认识,为人们树立正确的世界观和方法论提供材料;第二,科学是理性精神的重要来源;第三,科学有助于推进社会民主自由。理性对科学的影响主要表现为:第一,理性思维在科学认识中有重要作用;第二,理性为科学提供坚定的信念支持,提供人们进行科学活动的根据和理由;第三,理性为科学发展提供相对民主、宽松的发展环境,廓清科技发展的方向,影响科学的作用范围。可见,科学是人类理性生活的重要内容;科学在理性的关照下前进,理性在科学的发展中升华。人类的文明进步,不仅需要科学的空前辉煌,而且需要理性的充分发展。理性作为生存智慧,是一种思考与行动相结合的行为态度。这种态度鲜明地体现在科学知识所揭示出的世界图景、科学工作者的精神风貌和气质,以及科学共同体的行为规范、价值取向和道德准则中。科学和理性之间是彼此渗透,相互融通的。随着科学发展和时代

---

① 许浩.科学与理性的辩证关系探析[J].学术论坛,2006(2):41—45.

进步,科学更趋向于明智和合理,理性则更趋向于科学和正确。科学和理性的彼此渗透和融通,促进了人类物质文明和精神文明的全面发展,迎来了科学和人文融通的新阶段,加速了人类社会"科学生活"的进程①。

"理性"这个由古希腊人发明,用来指某种建构智慧方式的概念,对科学概念产生了决定性影响,而后来科学又在对人类的改造中起了巨大的作用。科学成为理性的代表或化身、理性方法的典范、理性精神的用武之地。科学生活的本质是典型的理性生活,即按正确的理由和合理的根据而进行探究活动的生活形式。科学知识前沿涉及的东西,像空间、时间、质量、相互作用、宇宙或自然的韵律和图式,等等,都隐含在物质的深层结构中。这些对于感官来说并不是显而易见的,但是理性却至少可以让人们部分地把握它们。理性在科学中的作用,由此可见一斑,更不必说感官提供给人们的假象要用理性鉴别和矫正,感觉资料要用理性整理和诠释。

作为人类在文明的进程中思考和认识世界的一种表现形式,理性不依赖神秘的权威,也不依赖虚无的假设,它只运用自己所积累的经验和创造的理论来思考和认识世界。人们常说的要诉诸理性,实际就是指运用科学知识、生活经验以及由此形成的思维方式来认识事物、表述事物。现在,人们大都相信,人类凭借理性的力量就能征服一切,以科学技术为主要特征的科学理性更成了人类战胜一切的法宝。科学史学者吴国盛在其著作《什么是科学》(广东人民出版社2016年8月出版)中取"科学"的广义含义:"知识",提出了关于科学的"历史类型学",认为在历史上出现过三种突出的"科学类型":希腊理性科学、欧洲现代数理实验科学、博物科学。其中数理实验科学属于理性科学的变种,因此严格说来,人类历史上只有两种科学类型:理性科学和博物科学。所有的人类文明都有自己各具特色的博物科学传统,但只有希腊-欧洲文明有理性科学传统。

---

① 许浩.科学与理性的辩证关系探析[J].学术论坛,2006(2):41—45.

科学理性是人类文明进程的必然产物,它很自然地源于原始的宗教、神话,并经历了跌宕的发展历程逐渐走向科学的未来。尽管理性紧密地联系着科学,但是有许多问题目前的科学也无法给人们以确切的回答。此时理性中某些神秘性权威,会帮助或启示人们对一些未知事物给予某些理解。在这种理性的思维中,神秘的成分是不可能完全消失的,不过这种理性中的非科学因素会随着文明的进程逐步减少。正如中世纪有"最后一位教父"和"经院哲学之父"之称的安瑟伦(Anselmus,约 1033—1109)所说的,我们"应该由信仰进展到理性"。人类理性的发展实际上是一头连着宗教、一头连着科学①。因此,本书的内容,也涉及理性中的非科学因素,如宗教,甚至一些所谓的"非理性"的东西,如猜测、灵感、顿悟等。

---

① 刘鹏飞,徐乃楠. 数学与文化[M]. 北京:清华大学出版社,2015:76,78—79.

一、科学的多维性

科学是一个多含义、多性质和多功能的复杂系统,因而是多维的。它的这种多维性导致了人们对它理解的差异性。下面主要从西方的理性科学和中国的实用科学两个维度,帮助大家去理性地认识当今人们所熟知的但又是陌生的"科学"。

（一） 理性科学的起源

从广义上理解科学，人类各民族各文化都有自己的科学；从狭义上理解科学，只有西方有科学。因此，狭义的科学本质上是一种西方的文化现象，它特别地与西方人对于人性的认同有关系，那就是自由。在人类的历史上，大部分民族在大部分时期是没有这种科学的。现代科学的发祥地是古希腊。希腊人的科学是理性科学，本质上是非功利性的，即没有什么实际用处。希腊人认为越是没有用处的科学越是纯粹，越是真正的科学，越是自由的科学。因此有人问欧几里得（Euclid，约前330—前275）："你这个东西有什么用？"他则勃然大怒地说："你是在侮辱我，我的学问是没有用的，你怎么能问我有什么用呢！"

可是今天人们称为科学的东西却是很有用的。例如，麦克风、照相机、摄像机等电子设备，无不渗透着近现代科学及其技术。现代科学确实是以它的有用性让人着迷。那么，希腊人那种没用的科学，是怎么转化为现代有用的科学的？

科学本身是一个精神上的追求，要解释科学自身的变迁问题，必须从文明本身的精神变迁着手。现代西方的文明有两个基本的要素，即人们常说的"两希文明"：一是希腊文明；二是希伯来，指的是基督教文明。

基督教对于近代科学的意义可以归结为很多方面。第一，基督教提供了一个普遍秩序的概念。它认为世界上万事万物都是由上帝创造的，因此服从于同样一条定律。比如说,你凭什么相信地球上一个苹果的落地这件事情和月亮绕地球转这件事情,本质上是同样的事情? 在你认为它们是同一件事情之前,你必须已经假定确实有一个普遍的规律在地面上、在天空中同样地有效,这就是所谓普遍秩序的确立。第二,上帝作为创世者为机械自然观提供了前提。他们认为,上帝是世界的创造者,但是上帝本身不是世界,上帝永远在世界之外。所以,创世的概念为近代的机械自然观提供了至关重要的逻辑前提。第三,自然被去神化。基督教横扫一切妖魔鬼怪神灵精仙,认为只有上帝一个神支配着所有的东西。人们今天学过科学的就知道,按照牛顿力学的看法,自然界是惰性的,你不推它,它就绝不会改变它的运动或静止状态,即惯性定律就是惰性定律。这个定律不是凭空出来的,近代科学之所以最终能够把自然界看作一堆惰性的物质,它有一个重要的前提就是,自然已经被去神化了。第四,就是改变了人的形象。基督教提供了一种崭新的思想,认为人就是最厉害的,所有世界上的物都是被创造的,但是人是一种特殊的被创造物。第五,提出了一种崭新的自由观念。基督教揭示了人性中一个更深的方面,就是可以不照规律行事,即人的主体意志概念的确立。第六,基督教提供了一个崭新的时间观:单向线性的时间观,即人类社会由低级到高级、由原始到现代、由落后到先进、由粗糙到精致线性发展。基督教就是在上述这六个方面,为近代科学奠定了一个背景和基础。

实际上,近代科学有两大基因,希腊科学理性与基督教的宗教信仰。两者缺一不可,同时它们需要被整合,而这个整合是由中世纪后期的经院哲学家完成的。公元6世纪之后,希腊文明被中断、被遗忘,不再当然地成为欧洲的遗产。它首先被阿拉伯人发现,但阿拉伯人最终并没有把这份伟大的遗产与伊斯兰教结合起来,希腊文明最终与基督教进行了整合。

当然,光是希腊文明与基督教文明的整合还不足以构成近代科学,还需要机械技术。人们知道,希腊人并不喜欢用机器,动手能力不太行,但喜欢动脑筋。罗马人喜欢动手,但不爱动脑筋。不过,许多动手的技术实际上来自中国。例如,中国的四大发明,对近代西方的影响是很大的。印刷术、造纸、火药、指南针都是从中国传到西方的。唐代时,中国跟阿拉伯人打过一次仗,中国人战败了,很多人被抓了,这些俘虏里面有造纸的工匠,就把这个造纸术传过去了。成吉思汗的子孙们横扫欧亚大陆,也把中国的很多技术带过去了,特别是把火炮技术也带过去了。这些技术的西传本身造就了欧洲近代的种种可能性。马克思讲过,火药炸毁了骑士阶层,炸毁了封建城堡,使得欧洲小国林立的状况得到改变,即欧洲现在这个样子是经过了一场火药洗礼的结果。另外,指南针打开了西方航路,印刷术帮助人们能够及时地读到很多文献,特别是成了新教改革的工具。

除了四大发明之外,尤其值得一提的是机械技术。当时的欧洲人对机器、对工具有大规模的使用。在欧洲人使用的诸多机械中,钟表具有极其重要的意义。曾经有人说,整个工业化时代的关键机器就是钟表,而不是蒸汽机。钟表之所以成为第一机器,第一,它揭示了时间无处不在,揭示了时间是可以量化的;第二,钟表提供了一个所谓的客观的宇宙秩序;第三,钟表是一个把宇宙秩序还原到一个机器上的重要的装置。而钟表的核心技术来自中国。宋代天文学家苏颂领导制造的水运仪象台,是当时最先进的一种机械钟表。这种钟表技术传到西方之后,中世纪的修道院里才开始出现钟表。这种钟表由于完全符合基督教那一整套世界观和宗教仪式的要求,所以很快就发展起来了。最早的钟表就挂在教堂的顶部,可让所有的人都能随时随地知道统一的时间秩序。这种统一的时间秩序的出现,实际上对于近代的科学世界观是具有根本意义的。大家耳熟能详的牛顿绝对时空观,就是来自基督教世界这个观念和现实的背景的。

另外,玻璃制造技术对近代科学也有决定性意义。现代西方科学出现的时候有几项重要的实验仪器。第一是望远镜,可以说没有望远镜就没有现代的天文学,也没有现代的物理学。第二是显微镜,它是近代生命科学的根本。第三就是用来制造真空环境的空气泵,而玻璃能帮助人们看见真空环境下的实验情况。第四是玻璃试管、烧杯,它们是现代的化学实验的基础。所以,玻璃对近代科学是非常重要的,而玻璃业在文艺复兴时期,在意大利一带十分地流行。

综上所述,近代科学就是基于上述的思想观念和技术背景而兴起的,其最重要的标志就是机械自然观的出现①。

① 吴国盛. 近代科学的起源——2007 年 12 月 30 日"首都科学讲堂"讲演录[BD/OL]. [2017 - 04 - 11]. http://blog. sina. com. cn/s/blog_51fdc0620100a21r. html.

（二） 科学理性的实用性

尽管社会因素、心理因素等在科学认识中起着重要作用，但科学的实质是理性的，即理性是科学的根本属性。这种科学的理性，是否也有实用价值呢？对这个问题的回答，可在古希腊著名科学家、哲学家泰勒斯（Thales of Miletus，约前625—前547）身上寻找到答案。

泰勒斯是米利都学派的奠基人，希腊七贤之首，是古希腊及西方第一位用理性的目光审视自然的先哲，即理性主义的首创者。他提出的"万物的始基是水"这一命题是关于自然界理性观点的开始。

公元前590年左右，泰勒斯在位于爱琴海边的家乡小城米利都，创办了一所爱奥尼亚哲学学校。在这所学校里，泰勒斯给学生们讲授科学、天文学、数学和哲学等科目的知识。在讲授数学时，他告诉学生们，数学思想并不仅仅是一堆互不相关的规则的集合，它们互相之间是存在逻辑上的关联的。他认为，一些数学上的结论之所以正确，并不能简简单单地归因于它们与人们的生活经验相符合，其中必然还有更加深刻的原因。泰勒斯曾证明了下面与圆和三角的几何特性有关的5个定理：

1. 任何一条通过圆心的直线都将圆分割成面积相等的两部分。换句话说，就是"直径平分圆周"。

2. 如果一个三角形的两条边长度相等，那么与这两条边相对的两个角的角度也相等。也就是说，"等腰三角形的底角相等"。

3. 如果两条直线相交，那么其中任意两个相对的角相等。简而言之，就是"两直线相交，对顶角相等"。

4. 如果三角形的三个顶点（即角的顶点）都在一个圆上，同时三角形其中的一条边恰好是圆的直径，那么这个三角形就是直角三角形。换句话说，就是"对半圆的圆周角是直角"。

5. 如果一个三角形中的两个角和这两个角中间的那条边与另一个三角形中相应的两个角和一条边相等，那么这两个三角形是全等的三角形。这就是判断全等三角形的"角边角定理"。

上述 5 个结论虽然公认是正确的，但在泰勒斯之前并没有人解释过为什么是正确的，是泰勒斯告诉了人们，这些定理是如何通过逻辑上的推演，在基本几何公理的基础上得到的。泰勒斯对"数学定理必须要被证明"这个观点的笃信，引发人们重新思考数学的本质问题，从而使数学这一在此之前早已沦为一堆测量技术和计算规则简单拼凑起来的学科，变成了一个充满理性分析的科学体系。

泰勒斯对理性分析的强调，也使他能别出心裁地解决一些实际问题。例如，有一次泰勒斯来到埃及，法老听说泰勒斯来了，就让他来帮忙确定一座金字塔的高度。正当他努力思考解决这个问题的方法的时候，他突然发现，在一天里不同的时候，阳光下物体影子的长度是不一样的。他推测，当他自己影子的长度和他本人的身高相等的时候，金字塔影子的长度也应该和它自身的高度相等。通过使用这个简单的定理，他成功地确定了金字塔的高度。还有一次，吕底亚国王克罗伊斯（Croesus，前 595—约前 546）的军队来到了哈里斯河（Halys River）边，这条河实在太宽了，根本无法架桥通过，河水又很深，也不能直接行军通过，克罗伊斯就去征求泰勒斯的建议，让他帮助军队过河。思索片刻之后，泰勒斯让将军带领他的人马和所有装备来到河堤上，然后，他让士兵在他们背后的地上沿着河水流淌的方向挖掘出一条运河。当运河的两端与河相通时，大部分河水就从原来的河道里流到军队后面的运河里，当河水流到更远处的下游的时候，又会流回原来的河道。这样的话，原来河里的水自然而然就变浅了，将军的军队就能很容易地从中行军而过了。

还有两个有趣的传说。一个讲的是泰勒斯发财致富的故事。泰勒斯通过对这个世界细致入微的观察，帮助他完成一次成功的交易。橄榄是希腊的一种很重要的农作物。希腊人除了日常饮食食用橄榄以外，还将橄榄轧碎榨取橄榄油，他们用橄榄油做饭、点灯，甚至还把橄榄油当作护肤品涂抹使用。泰勒斯通过长期观察，发现那几年当地的气候条件不适合橄榄的生长，但他断定这种糟糕的气候条件并不会持续很长时间，于是他走访了一些橄榄种植园，愿意买下他们用来榨取橄榄油的设备。那些急需用钱的农民自然就把自己的榨油设备卖给了泰勒斯。泰勒斯买下榨油设备那年的气候条件出奇地好，橄榄长势很好。到橄榄大丰收该榨橄榄油的时候，泰勒斯再把榨油的工具出租给之前把这些设备卖给他的那些人，一下子就挣了很多很多钱。此后不久，他又以一个合理的价格把这些设备卖给了橄榄种植户。另一个讲的是泰勒斯和一头专门从盐矿运盐的驴之间发生的事情。故事发生在一个盐矿上，平时工人们把盐从矿里挖出来，铲到麻袋里，再把麻袋放到运盐的驴的背上。然后这些驴要走几千米的路程把盐运到海岸上，最后在那里的工人们把盐从驴背上卸下来放到运货的船上，整个采盐过程就算完成了。但在运盐的路上，驴子们要趟过一条浅浅的小河。有一次过河的时候，其中一头驴不小心绊倒摔进了河里，在它躺在河里的时候，大部分盐都被河水溶化了。当它再爬起来的时候，背上的负荷顿时轻了不少，这使得它接下来的运送过程变得轻松了许多。从此以后，每当这头驴过河的时候，它都会故意在河里摔倒，这样背上的盐就会少一点，接下来要背的重量也就比一开始要轻许多。盐矿的矿主感到很奇怪，请来医生给这头驴做个检查，看看它是不是有一条腿受伤了。但是直到最后还是没有人知道驴为什么每次都会在河里失足摔倒，盐矿主只得找到泰勒斯来帮忙。泰勒斯仔细观察了几天,很快就明白了驴是为了减轻背上的负担才故意在河里摔倒的。第二天,泰勒斯用海绵替换了盐塞在麻袋里,让驴背着一袋海绵上路了。这一次,当驴在河里再次摔倒时,背上的海绵吸饱了水,一下子变重了许多。在背了几天沉重的湿海绵之后,这头自作聪明的驴就改掉了以前的坏习惯,再也不会故意在河里摔倒了[①]。

上述几件事情或传说告诉大家,理性虽是抽象的概念,但具备理性思维的人,不仅可以在科学上会有所建树,在日常生活中也可帮助人们解决实际问题,如果他想赚钱的话,也会比别人赚得多。

---

① (美)迈克尔·J.布拉德利.古代数学先驱[M].陈松,译.上海:上海科学技术文献出版社,2014:1—15.

（三） 科学的中国化

由于传统文化的特殊，近代中国没有产生出西方那样的近代科学，在西方凭借着近代科学文化向资本主义高歌迈进的时候，中国却远远落后了。1582 年（明万历十年），意大利的耶稣会传教士、学者利玛窦（Matteo Ricci，1552—1610)带着一批科学书籍、三棱镜和地图等踏上中国的土地，开启了西学东渐的历史序幕，亦标志着西方科学在中国传播的开始。这种产生于欧洲的近代科学在中国的传播和发展过程，称为"科学的中国化"。要把西方科学变成中国科学，必须"用本国的文字语言、用我国民所习见的现象和固有的经验来说明科学上的理论和事实"，同时"用科学的理论和事实来说明我国民所习见的现象和固有的经验"。可见，"科学的中国化"即科学的本土化，包括纯粹知识引进的科学传播和从主观上真正"把西洋的科学变为中国的科学"的西方科学传统移植这两个理论上不可分割的方面。

以传播主体为主兼顾其他依据，西学东渐可分为三个时期：传教士学术传教期，洋务运动技术引进期，先进知识分子科学启蒙期。其中传教士学术传教和洋务运动技术引进两个时期，"科学的中国化"实践仅局限于科学技术的引进和传播。中日甲午战争后，面对日渐式微的国势，一批脱胎于中国传统士人的先知先觉者，开始将眼光转向西方科学，西学东渐遂进入第三阶段的科学启蒙时期。这一时期,一批先知先觉的士人成为科学传播的主体,传播的内容亦逐渐从科学知识,扩展到科学知识与科学传统、科学思想等并举,即他们通过科学研习、科学翻译、科学教育和科学实业等策略或路径,实现"科学的中国化"。如果说晚清洋务派是最后一代中国"士大夫",那么这批先知先觉的士人,算得上过渡期的知识分子,即西学东渐第三阶段中的首批新型知识分子(任鸿隽、吴承洛等在欧美接受西学正统训练,有专业知识和一技之长者属于第二批新型知识分子),他们具有中学和西学两种教育背景,只是其西学知识多源自介绍西学的著作或翻译作品,且西学素养不是非常深厚。在这批新型知识分子中,除人们所熟知的戊戌改良派人士外,还有一批被历史烟尘湮没的士人,他们自觉地放弃科举,改业科学,为实现"科学的中国化"而筚路蓝缕,虞和钦便是其中的最具代表者。

虞和钦于1879年12月11日(光绪五年十月二十八日)出生在浙江省镇海县海晏乡柴桥(今浙江省宁波市北仑区柴桥街道)的一个儒贾世家。他的高祖、曾祖均系清代国子监生,好诗文,以经商为生。他的父亲虞景璜(字澹初,1862—1893)则是一位地地道道的业儒,早年考取秀才。他幼秉庭训,诵经读史,工诗古文辞;青年时期始志于西学,并先后在家乡柴桥、鄞城(今宁波市鄞州区)、上海从事科学传播与实业活动。其间,虞和钦参加由蔡元培等发起成立的中国教育会,并应邀为爱国学社、爱国女校义务教授理科课程。1904年秋,为逃避清廷对"苏报案"余党的进一步追查,又负笈日本,在东京帝国大学(今东京大学)专攻化学。3年后学成归国,欲在沪谋一教席,但各校教员早已聘定,遂回故里。因家乡前贤张美翊(1856—1924)的规劝和帮助,于是年秋赴京参加游学生考试,并先后通过了部试和廷试,在1909年7月3日(宣统元年五月十六日)钦授翰林院检讨,分发到清廷学部就职,先后任学部图书局理科总编纂、游学毕业生部试格致科襄校官,并以"硕学通儒"资格钦选资政院候补议员。1911年辛亥革命后,担任过北洋政府教育部主事、视学、编审员,山西、热河省教育厅长,绥远实业厅长等职,其中1923—1929年间,应冯玉祥、商震等军政要人之邀,任秘书参赞莲幕。1929年,因疲于军阀间的争斗，主动离开军政界，次年春返沪置办实业，先后创办开成造酸厂、开明电器厂等实业公司，并均任首任经理。1944年8月12日，因胸膜炎医治无效，在上海寓所逝世。

青年时代的虞和钦致力于传播与普及科学新知，并做了不少奠基性的工作，如创办我国最早的科学仪器馆，主编我国第一份以"科学"命名的综合性科学期刊《科学世界》，在国内最早组织化学会。他在化学、地学等科学知识的引介与传播方面，亦有一些开创性的工作。例如，1901年发表的《化学周期律》，是中国最早介绍元素周期律的文章；1903年发表的《中国地质之构造》，是国人最先介绍中国地质的文章，也是20世纪初研究中国地质构造的重要论文；1908年出版的《有机化学命名草案》，开我国有机化合物系统命名之先河，其厘定的有机化学系统命名原则乃现在命名法的源本。20世纪30年代，他曾被化学教育家、中国近代化学教育的开拓者俞同奎（1876—1962）誉为当时中国"化学界之鲁殿灵光"。

在中国近代史上，实业、教育的兴办与有效的组织，是近代科学中国化进程中极其重要的路径。虞和钦一生所从事的相关活动或从政经历（如任清学部理科总编纂、山西教育厅长、绥远实业厅长等），系此等情形的侧影。在20世纪早期，"科学救国"与"教育救国""实业救国"是相互覆盖的，虞和钦自不例外。他的科学中国化实践，也包括教育与实业活动（多以科学为基础或与科学相关），如创办我国首家制造硫酸的民族企业——开成造酸厂（公司），在科学仪器馆内开设理科传习所，义务充任爱国学社、爱国女校等进步教育机关的理科教员，编写本土化科学教本，尤其在任山西省教育厅长期间，于全国率先创造了全省施行义务教育的典范，将新式学校发展到乡村，为科学教育的全面社会化奠定了基础。

虞和钦博学多才，除研习科学、传播科学外，对诗文、中西哲学、社会学、琴学、书法、舞蹈等亦有实践或研究，并将其大部分撰述汇编为《和钦全集》。他是清末民初由传统士人转型而来的首批新式知识分子的典型代表，但又异于梁启超等同代人文型新知识分子，而具有文、理兼通的知识结构，能将西方科学与中国传统文化相结合，使之纳入"科学的中国化"道路；也不同于任鸿隽、吴承洛等后来的新型知识分子，未能成为推动近代中国科学体制化的中坚，而只是通过其一系列科学中国化的实践活动，促进西方科学在中国的生根、发芽。

（四） 科学的数学化

数学是一门古老而又常新的学科，人们认识世界、改造世界都要运用数学。科学包括数学，数学是科学的一个分支，却又是整个科学的运算工具。科学由定性到定量的精密化发展离不开数学，但数学代替不了科学。科学对具体事物的空间形式和数量关系的研究，需要数学帮助描述，这种描述只是具体事物的运动规律而不是性质。数学是研究现实世界的空间形式和数量关系的科学。数学在知识体系中属科学的范畴，但相对于具体的物质运动所形成的其他科学来说是工具学科。历史上，科学的发展与数学的发展往往相互交织在一起。

数学上的微积分的建立对物理学中经典力学有不可或缺的影响。17世纪，随着资本主义的发展，迫切需要提高军事、航海和生产技术，从而推动着科学的进一步发展，在已经研究自由落体运动、抛物体运动、单摆运动以及天体运动等问题的基础上，有两个最基本的问题：一个是已知路程求速度，另一个是已知速度求路程。在匀速运动的情况下，这两个问题常用数学方法已经解决，但是宏观物体处于运动状态、位置与速度都在不断地变化中，要从数学上反映它们的数量关系，就要突破研究常量的传统范围，提供能够描述和研究物体运动及其变化过程的新工具。微积分正适应当时的实际需要，在物理学（尤其是力学和天文学）的推动下，在长期积累大量成果的基础上，由牛顿和莱布尼茨（Gottfried Wilhelm Leibniz，

1646—1716)分别独自建立的。他们把以往分散的努力加以综合,将自古希腊以来求解无限小问题的各种技巧统一为两类普通的算法:微分和积分,并确立了这两类运算的互逆关系,从而完成了微积分发明中最关键的一步,为近代科学发展尤其是物理学提供了最有效的工具,开辟了数学史上的一个新纪元。

化学这样一门以实验为中心的科学,也与数学有关。例如,俄国科学家门捷列夫(Дмитрий Иванович Менделéев,1834—1907)元素周期表的发现,就是数学在化学中的成功应用。目前普遍使用的化学元素周期表称为门捷列夫元素周期表,它的雏形是门捷列夫在 1869 年给出的。在数学家看来,元素周期表是一个化学元素排列的数阵,它是以元素的相对原子质量为序排列的;在化学家的眼里,元素周期表的每一行和每一列都是按照化学性质排列的。但是,事实上,作为化学家的门捷列夫的第一张元素周期表走的是数学家的路线,他是根据元素的相对原子质量——数量的特征,而不是化学性质列出的。门捷列夫的成功在于他没有按照化学家的传统做法,从化学性质去探索元素化学性质的规律,而是从另一方面,从数量特征去讨论元素的化学性质的规律。类似的,化学史上,有不少化学家充分利用数学取得了成功。被称为“定量化学之父”的法国著名化学家拉瓦锡(Antoine-Laurent de Lavoisier,1743—1794),其实对化学的贡献中并没有可以称得上是重大发现的内容,而他之所以著名,就是因为,他以数学和物理为手段,在牢固的基础上去建立崭新的化学,完成了化学史上第二个重大突破。英国著名化学家道尔顿(John Dalton,1766—1844),有着深厚的数学功底。他青年时期就对数学有着浓厚的兴趣,并于 1793 年在一所名叫“新学院”学校专门讲授数学和自然哲学。意大利物理学家、化学家阿伏伽德罗(Amedeo Avogadro,1776—1856),出生在一个官吏之家,可能因此他最初学习了法律。不过,他于 21 岁时毅然改学数学和物理,后来又在维切利皇家学院担任物理学教授,深受爱戴。其深厚的数学功底,是其后来在物理和化学上取得突出成就的必不可少的因素。

有人曾认为,数学在生物学上的应用等于零。确实,19 世纪以前,数学与生物学确实看似没有任何联系、毫不相干,其实不然。现今,如果人们运用数学的知识探讨生物界中的种种现状,就会发现,生物界中的自然现象与数学有着十分密切的关系,其间充满了数学。例如,植物在茎上的排布顺序与黄金数 0.618…有关,这对植物通风、采光和生长来讲都是最佳的。牵牛花在沿攀援物向上爬时,它选择了最短的路径——螺线(蓟花、向日葵果盘中也可找到螺线)。大雁迁徙时排成的"人"字形,其一边与飞行方向成 $54°44'8''$,经计算发现,这是大雁飞行时阻力最小的队形。人和动物的血液循环系统中,血管不断地分岔成两个同样粗细的支管,生物学家发现,它们的直径(半径)之比为 32∶1。依据流体力学理论计算可知,这种比在分支导管系统中,液流(液体的流动)的能量消耗最少。"蜂房结构",经数学家证明,是建造同样大的容积所用材料最省的形状。生物学与数学相关的最典型例子是数学与遗传。"现代遗传学之父"、揭示出遗传学基本规律的奥地利人孟德尔(Gregor Johann Mendel,1822—1884),利用了数学上演绎推理的方法分析揭示了遗传定律。1664—1665 年,牛顿发现了二项式的展开式,到 17 世纪时,数学家伯努利把二项式的展开式应用到遗传学上,即生男育女的或然率可用二项式的展开式来预测。

数学与医学的关系也很密切。人们只需看一看医学诊察所用到的仪器,诸如心电图、超声波、CT 及磁共振等就很清楚了。1895 年,德国物理学家伦琴(Wilhelm Röntgen,1845—1923)在研究阴极射线所引起的荧光现象时偶然发现了 X 射线。从此,人们可以不用开刀就可以看到身体内部,特别是骨骼的情况。X射线透视应用了 100 多年。但是,X 光片有时清晰度太差,特别是对人体软组织器官几乎无能为力,于是出现了经过数字化处理的 CT 及磁共振等。脑电和心电的运动情形都以数学函数来表示,这些函数的视觉化就是波。

地理学,自其产生之日起,就与数学有着不解之缘。在古代,地理学与数学之源泉科学——几何学,几乎都是研究地表的。在古代,人们为了测算河流长度、山体高度,计算土地面积,不得不运用几何学原理和方法。古希腊学者埃拉托塞尼

(Eratosthenes，公元前 276—前 196)测算地球周长，就是运用了几何学原理和方法。在近代地理学时期，经济学中的区位论被移植到地理学中，开了地理学运用分析数学之先河。20 世纪 20—30 年代，地理学研究中的统计方法开始萌芽，并开始进行地理要素的统计概括和相关关系探讨①。

数学作为科学发展的有力工具，在近现代科学史上不胜枚举。近现代科学技术发展的一个重要趋势就是各门科学的数学化。从 18 世纪开始，"自然科学的分支整个地转变成基本上是数学性的学科了。科学也越来越多地使用数学术语、结论和程序，如抽象、推理等，这些被看作是科学的数学化"。19 世纪德国伟大的数学家、被誉为"数学王子"的高斯(Johann Carl Friedrich Gauss，1777—1855)有句几乎家喻户晓的名言："数学是科学的皇后，数论是数学的皇后。"其实，高斯跟与这句话一起还说了一段话，意思可以概括为："数学是科学的皇后，数学也是科学的婢女。"也就是说，决不能仅仅认为数学——科学的婢女——的唯一职责是为科学服务。数学同时也被称作"科学的皇后"。即使她偶尔向科学乞讨，她也是一个非常高傲的乞丐。她既不向她的更为富有的科学姐妹请求，也不接受她们的恩赐，她所得到的她必偿付。数学有她自己的见解及智慧，超越她对科学的任何可能的应用②。

---

① 叶立军.数学与科学进步[M].杭州：浙江大学出版社,2011：99—158.
② 刘鹏飞,徐乃楠.数学与文化[M].北京：清华大学出版社,2015：204.

（五） 科学与正确的关系

人们大都会认为，科学当然等于正确。他们习惯称赞某个东西时用"这个好科学"，仿佛科学就是毫无瑕疵的完美无瑕的，其实这是习惯性地把科学假定是正确的缘故。但是只要稍微细心认真一点，人们就会发现科学并不等于正确。其实科学在很多时候是"不正确的"。人类在探索真理和科学的漫长历史进程中，这种错误比比皆是。例如，波兰天文学家哥白尼（Nikołaj Kopernik，1473—1543）曾经提出具有重大意义的"日心说"，认为太阳是宇宙的中心。在他看来那是严整的科学，但是随着对宇宙的进一步认识，这个曾经的科学理论被淘汰了。开普勒曾发现地球绕日进行圆周运动，但是后人却发现地球公转轨道并不是圆周而是椭圆，如此等等。

那么，什么样的学说具有科学的资格呢？上海某高校的研究生入学考试中，曾多次出现这样一道考题："试论托勒密的天文学说是不是科学？"据说面对这道考题，大部分考生都答错了。他们认为托勒密（Claudius Ptolemaeus，约100—170）的天文学说不是科学，其陈述的重要理由是因为托勒密天文学说中的内容是"不正确的"。

然而，如果人们同意这个理由，将托勒密天文学说逐出科学的殿堂，那么这个理由同样会使牛顿被逐出科学的殿堂！因为人们今天知道，牛顿力学中的"绝对时空"是不存在的。难道考生敢认为牛顿力学也不是科学吗？可以说，考生们绝对不敢。因为在他们从小接受的教育中，牛顿是"科学伟人"，而托勒密似乎是一个微不足道的人，一个近似于"坏人"的人。

关于托勒密，国内有一些曾经广泛流传的、使人误入歧途的说法，其中比较重要的一种，是将托勒密与亚里士多德两人不同的宇宙体系混为一谈，进而视之为阻碍天文学发展的历史罪人。在当代科学史著述中，以英国近代生物化学家和科学技术史专家李约瑟（Joseph Needham，1900—1995）"亚里士多德和托勒密僵硬的同心水晶球概念，曾束缚欧洲天文学思想一千多年"的说法为代表，至今仍在许多中文著作中被反复援引。而这种说法其实是违背历史事实的。

科学是一个不断进步的阶梯，今天"正确的"结论，随时都可能成为"不正确的"。人们判断一种学说是不是科学，不是依据它的结论在今天正确与否，而是依据它所用的方法、它所遵循的程序。

在今天看来是错误的托勒密的天文学，其实具有"科学"的资格。西方天文学发展的根本思路是：在已有的实测资料基础上，以数学方法构造模型，再用演绎方法从模型中预言新的天象；如预言的天象被新的观测证实，就表明模型成功，否则就修改模型。在现代天体力学、天体物理学兴起之前，模型都是几何模型——从这个意义上说，托勒密、哥白尼、第谷（Tycho Brahe，1546—1601）乃至创立行星运动三定律的开普勒（Johannes Kepler，1571—1630），都无不同。后来则主要是物理模型，但总的思路仍不变，直至今日还是如此。这个思路，就是最基本的科学方法，并且正是托勒密的《天文学大成》第一次完整、全面、成功地展示了这种思路的结构和应用。因此，托勒密天文学说的"科学资格"不仅是毫无疑问的，而且它在科学史上的地位绝对应该在哥白尼之上——因为事实上哥白尼和历史上许许多多天文学家一样，都是吮吸着托勒密《天文学大成》的乳汁长大的。

另外，哥白尼学说也不是靠"正确"而获胜的。哥白尼革命的对象，就是他自己精神上的乳母——托勒密宇宙模型。但是革命的理由不是精确性的提高，而是一种思想资源,即对数学的偏好。当时哥白尼从这里得到了两个信念:一、相信在自然界发现简单的算术和几何规则的可能性和重要性;二、将太阳视为宇宙中一切活力和力量的来源。

有学者指出:"'正确'对于科学既不充分也非必要。"这一陈述中的"正确",当然是指人们今天所认为的正确,因为"正确"在不同的时代有不同的内容。托勒密的天文学在托勒密及其以后一千多年的时代里,人们要求天文学家提供任意时刻的日、月和五大行星位置数据,托勒密的天文学体系可以提供这样的位置数据,其数值能够符合当时的天文仪器所能达到的观测精度,它当时就被认为是"正确"的。后来观测精度提高了,托勒密的值就不那么"正确"了,取而代之的是第谷提供的计算值,再往后是牛顿的计算值、拉普拉斯(Pierre-Simon Laplace,1749—1827)的计算值……这个过程直到今天仍在继续之中。在其他许多科学门类中(比如物理学),同样的过程也一直在继续之中。

总之,在科学发展的过程中,没有哪一种模型(以及方案、数据、结论等)是永恒的,今天被认为"正确"的模型,随时都可能被新的、更"正确"的模型所取代,就如托勒密模型被哥白尼模型所取代,哥白尼模型被开普勒模型所取代一样。如果一种模型一旦被取代,就要从科学殿堂中被踢出去,那科学就将永远只能存在于此时一瞬,它就将完全失去自身的历史。而我们都知道,科学有着两千多年的历史(从古希腊算起),它有着成长、发展的过程,它取得了巨大的成就,但它是在不断纠正错误的过程中发展起来的①。

所以,可以明确地说:科学中必然包括许多在今天看来已经不正确的内容。这些后来被证明不正确的内容,好比学生作业中做错的习题,题虽做错了,你却不能说那不是作业的一部分;模型(以及方案、数据、结论等)虽被放弃了,你同样不

---

① 江晓原.试论科学与正确之关系——以托勒密与哥白尼学说为例[J].上海交通大学学报:哲学社会科学版,2005,13(4):27—30,52.

能说那不是科学的一部分。

另外,有许多正确的东西,特别是永远正确的东西,却分明不是科学。比如"公元 2017 年 5 月 15 日张三吃了中饭",这无疑是一个正确的陈述,而且是一个"永远正确"的陈述,但谁也不会认为这是科学。

可见,不应将"科学"与"正确"等同起来。

（六） 科学的方法

科学的方法是指在科学研究的过程中，科学家使用的一些认识工具或者规则，包括实验法与理论法，归纳法与演绎法，逻辑法与非逻辑法，还原法与整体法，等等。科学研究过程中往往存在着多种方法，正所谓"条条大路通罗马"。下面以量子论的发展为例，来说明科学的进步实际上是多种方法运用的结果。

何谓量子，可以用乒乓球进行类比描述。假设从山顶到山脚有两条道路，一条是有 500 级的台阶路，一条是光滑的滑道。一个乒乓球如果从台阶路出发，一跳一跳地从山上滚到山脚，我们通常会说它滚了 500 步台阶，这个乒乓球的位置变化是以台阶来进行计算的，而不是连续变化的。如果这个乒乓球从滑道由山上滚到山脚，我们通常会说它一滚到底了，这个乒乓球的位置变化是沿着滑道连续进行的。如果把这个乒乓球一直缩小到微观世界，它的位置变化只能按台阶路进行，我们就说这个乒乓球的位置是量子化的，这个乒乓球就变成了量子。

1. 基于观测的归纳：黑体辐射中的实验数据。黑体是一个理想化的物体，它可以吸收所有照射到它上面的辐射能量，并将这些辐射能量转化为热辐射。按照经典的电磁波理论，这个热辐射的光谱特征仅与该黑体的温度有关，与黑体的物体性质无关。德国物理学家维恩（Wilhelm Wien，1864—1928）1896 年提出的维恩公式被认为是当时最正确的辐射能量分布定律，因为该公式完美地重现了已经观测到的结果。1899年11月,德国实验物理学家卢梅尔(Otto R. Lummer,1860—1925)和普林塞姆(Ernst Pringsheim,1859—1917)证实,理论和实验存在系统性偏差,这种偏差不是来自实验误差。1900年6月,英国物理学家瑞利(John William Strutt, 3rd Barou Rayteigh,1842—1919)推导得出自己的辐射能量公式。这一公式在长波部分与实验相符,而在短波部分却失败了,即后来被称为"紫外灾变"的现象。这表明,如果推导过程完整无缺,实验数据精确无误,那么用经典理论来分析黑体辐射则是失败的,故需要修改原有理论或者重新进行实验观测。

2. 基于假设的演绎:能量子与光量子的提出。1900年12月,德国物理学家普朗克(Max Planck,1858—1947)正式提出了能量子的假设:黑体空腔壁上带电谐振子的能量只能以能量子作为最小单元做不连续的变化,或者说能量子是跳跃的。1905年,爱因斯坦在阅读普朗克的能量子理论之后,提出了光量子假设。爱因斯坦的光量子假设与普朗克的能量子假设一样,刚提出来的时候也遭到了众多物理学家的反对。后来美国物理学家密立根(Robert Andrews Millikan,1868—1953)和康普顿(Arthur Holly Compton,1892—1962)等人的实验结果,才使光量子理论得到普遍承认。

3. 对应原理与类比推理:玻尔的量子理论与德布罗意波。基于量子的概念,丹麦物理学家玻尔(Niels Henrik David Bohr,1885—1962)于1913年初找到了连接量子概念与电子运动的光谱线,提出了两个基本假设:(1)当电子处于稳定状态时,可用普通力学理论分析;当电子处于两个稳定状态的过渡时,不能用普通力学方法来处理。(2)电子从一个状态过渡到另一个状态,伴随着单一频率的光谱辐射。后来,玻尔把自己的理论分析方法总结为对应原理:经典理论和量子理论之间存在着对应、过渡和一致的关系,两种理论在各自适用的领域里都是正确的。1923年,法国物理学家德布罗意(Louis de Broglie,1892—1987)将光学现象和力学现象进行类比,建立了量子力学的物质波理论。

4. 数学推理与美学原则：波动力学、矩阵力学及其统一。1926年左右，出现了两种量子物理的理论，即奥地利物理学家薛定谔（Erwin Schrödinger，1887—1961）的波动力学和德国物理学家海森堡（Werner Karl Heisenberg，1901—1976）的矩阵力学，它们都是基于数学自洽的逻辑推理的结果。描述同一种微观过程，不应该有两种不同的理论表达式。开始时，薛定谔和海森堡互不买账，但后来薛定谔自己证明了波动方程和矩阵方程的等价性。英国物理学家狄拉克（Paul Dirac，1902—1984）由于注重数学在物理上的应用，认为数学方程是美的，物理学必须遵循数学美学原则，最后使薛定谔的波动力学和海森堡的矩阵力学实现了统一。

5. 基于统计的推理：波函数及其概率解释。在薛定谔的波动方程中，有一个神秘的、未知波函数。德国犹太裔理论物理学家玻恩（Max Born，1882—1970）基于统计的推理，认为微观粒子的运动轨迹和运动路径，都是遵循概率法则的。玻恩对波函数给出的非决定论解释，即波函数的平方代表某一个微观粒子在某个时刻出现在某个地点的概率密度，使得经典力学的因果论和决定论在微观粒子世界被彻底放弃。

6. 非确定与整体论：测不准原理与互补原理。1927年，海森堡提出了著名的测不准原理：一个微观粒子的位置和动量不可能同时具有确定的数值，其中一个量越确定，另一个量的不确定程度就越大。在测不准原理提出的同时，玻尔提出了互补原理：原子现象不能用经典力学所要求的完备性来描述；在构成完备的经典描述的某些互相补充的元素，在这里实际上是相互排除的，这些互补的元素对描述原子现象的不同面貌都是需要的。如果说海森堡的不确定关系从数学上表达了物质的波粒二象性，那么互补原理则从哲学高度概括了波粒二象性。

7. 思想实验：EPR悖论与薛定谔的猫。科学家使用想象力，进行那些在现实中无法操作或暂时无法做出的实验，就是思想实验。尽管量子力学在逻辑上是没有问题的，但爱因斯坦不喜欢测不准、概率解释这类完全与因果决定论格格不入的理论。1927 年，爱因斯坦提出了"匣子里的钟表"思想实验，进而证明测不准原理失效。玻尔则用爱因斯坦的相对论来反对爱因斯坦的思想实验，确证了测不准原理。1935 年，爱因斯坦和两位年轻的美国物理学家波多尔斯基（Boris Podolsky，1896—1966）、罗森（Nathan Rosen，1909—1995）合作，设想了一个涉及两个粒子的思想实验，提出了以他们姓的首字母命名的 EPR 佯谬。玻尔对这一佯谬进行了回应，即对爱因斯坦思想实验使用的一个假设提出了异议，进而否定了 EPR 谬论中的前提和假设。1935 年，薛定谔也对量子力学的完备性提出了质疑，提出了后来被称为"薛定谔的猫"的思想实验，并据此提出了命题：到底什么是物理学中的观测，到底是什么决定物理量的状态？

可见，那些获得科学发现优先权的科学家所使用的方法，往往被认为是最成功的方法，不管这种方法是归纳演绎还是分析推理，是完全因果决定还是概率决定，是还原分解还是整体综合，甚至也不管这种方法是偶然发现，还是灵感乍现[①]。

---

① 张九庆.科学的进步：表现与动力［M］.北京：科学技术文献出版社，2014：45—54.

（七） 科学的革命

"科学革命"是法国科学史家柯瓦雷（Alexandre Koyré，1892—1964）创造的一个概念，指的是由科学的新发现和崭新的科学基本概念与理论的确立，而导致的科学知识体系的根本变革。美国科学史家、科学哲学家库恩（Thomas Kuhn，1922—1996）在他的《科学革命的结构》一书中把科学中新发现和新理论的出现归结为范式更替的模式：科学理论形成一定的范式，在一段发展时间里，科学家们在一定的范式内解难题。之后，出现了不能纳入原来范式的反常现象。这时，科学家们一般的做法是修补范式，以把反常现象纳入理论范式之中去。当反常现象多得无法用修补范式来将其纳入其中时，科学家们就会寻找新的范式，用新的范式来代替旧的范式解释反常现象。这时在科学上就出现了理论上的革命。一般都认为，近代科学革命的大幕最先由文艺复兴时期波兰的科学家哥白尼拉开的。

哥白尼于 1473 年出生于波兰维斯瓦河畔的托伦市（Toruń）的一个富裕家庭。在他十多岁时，父亲不幸病逝，于是，他住到了叔叔家中。童年时期的哥白尼对外面的世界充满了好奇，他常常独自一个人仰望繁星密布的苍穹。有一次，哥哥不解地问哥白尼："你整夜守在窗边，望着天空发呆，难道这表示你对天主的孝敬吗？"哥白尼回答说："不。我要一辈子研究天时气象，叫人们望着天空不害怕。我要让星空跟人交朋友，让它给海船校正航线，给水手指引航程。"当时，没有人将这个小孩子的话当真,更没有人想到,他的志向最终会成为现实。

哥白尼的日心说的创立,是近代科学史上开天辟地的大事。从古罗马到文艺复兴,天文学中占统治地位的学说一直是托勒密体系,即认为地球是宇宙的中心,万物围绕地球旋转。这一理论基本上可以解释当时条件下的许多自然现象,但在解释某些恒星的特殊运动时却遇到了困难。尤其是行星的驻留和逆行的物理意义,对天文学家来说始终是一个谜。同时,随着航海运动的兴起,为了确保船只航行的方向和编写航海历法,天文学受到了空前的重视。而托勒密地心理论体系庞大,计算复杂,已经无法满足编制精密历法的需求。

1496 年,23 岁的哥白尼来到文艺复兴的策源地意大利,进入博洛尼亚大学(University of Bologna)和帕多瓦大学(University of Padua)学习。博洛尼亚大学的天文学家诺瓦拉(Domenico Maria Novara,1454—1504)对哥白尼影响极大,在他那里,哥白尼学到了天文观测技术以及希腊的天文学理论。其间,哥白尼研究了托勒密的地心说,并且查阅到古代有关日心说的一些构想。他发现,托勒密的地心说太复杂,根本不符合数学上的"和谐原理",从此开始了他自己的天文学研究工作。

1497 年 3 月 9 日,哥白尼和诺瓦拉一起进行了一次著名的观测。那天晚上,夜色清朗,繁星闪烁,一弯新月浮游太空。他们站在圣约瑟夫教堂的塔楼上,观测"金牛座"的亮星"毕宿五",看它怎样被逐渐移近的娥眉月所掩没。当"毕宿五"将和月亮相接还有一些缝隙的时候,"毕宿五"很快就隐没起来了。他们精确地测定了"毕宿五"隐没的时间,计算出确凿不移的数据,证明那一些缝隙都是月亮亏食的部分,"毕宿五"是被月亮本身的阴影所掩没的,月球的体积并没有缩小,哥白尼把托勒密的地心说打开了一个缺口。

1505 年,哥白尼回到波兰,在波罗的海岸边的弗龙堡总教堂任职,并在那里度过了一生余下的 30 多年。在这 30 多年里,他一面完善他的学说,一面进行天文观察,用观察和计算对他的学说加以核对和修正。在这一时期,哥白尼构想了他的行星体系的细节,对大量复杂的计算做了整理,使他的日心说理论日渐成熟。1533年,60岁的哥白尼在罗马做了一系列的讲演,提出了他的学说的要点,并未遭到教皇的反对。但是他却害怕教会会反对,甚至在他的书完稿后,还是迟迟不敢发表,直到在他临近古稀之年才终于决定将它出版。1543年5月24日,当他生命垂危时,他的著作《天体运行论》终于得以出版。据说他是在病榻上才收到出版商从纽伦堡寄来的《天体运行论》样书,他只摸了摸书的封面就去世了。

在《天体运行论》一书中,哥白尼全面阐述了他的日心说理论。其要旨是:地球是一颗普通的行星,和其他行星一样围绕着太阳运行,运行一周为一年;地球在公转的同时还绕地轴自转,旋转一周为一天。太阳是宇宙的中心,月球是地球的卫星。这样便较为正确地描绘了太阳系的构成,成功地解释了周日视运动和周年视运动,解释了行星顺行、逆行、驻留现象和岁差。这个理论也以数学上的简单性,赢得了对托勒密体系的最终胜利。

由于日心说的出现,近代科学才率先在天文学上取得突破。它宣告了神学宇宙观的破裂,第一次把科学从神学中解放出来。从此,人们开始明白:既然有关上帝的天文学都是可以改变的,那么我们的世界又有什么不可以怀疑呢? 怀疑——科学进步的灯塔从此被点亮并释放出耀眼的光芒[①],从而使接下来的科学革命事件接踵而至:

18世纪,由拉瓦锡完成的化学革命,从根本上推翻了妨碍人们了解最重要的化学过程本质的"燃素说",通过"氧化说"的确立实现了关于化学元素、化合物以及化学变化的观点的变革;19世纪,以能量守恒与转化定律、细胞学说和进化论等化学、物理学、生物学的重大理论为突破,形成了整个物理学、生物学、心理学等实验科学体系;19世纪末20世纪初,X射线、电子、天然放射性、DNA双螺旋结构等的发现,使人类对物质结构的认识由宏观领域进入微观领域,相对论和量子力学

---

① 马来平.趣味科技发展简史[M].济南:山东科学技术出版社,2013:46—48.

的建立使物理学理论和整个自然科学体系以及自然观、世界观都发生了重大变革。另外,20世纪50年代,中国物理学家李政道和杨振宁提出的弱相互作用下宇称不守恒定律也是一次科学革命,因为它打破了当时被视为物理学"金科玉律"的宇称守恒定律。

（八） 中医的科学性

近百年来，中医遭遇过多次被取消的命运，如清末学者俞樾（1821—1907）的"废医论"，北洋政府的"教育部漏列中医案"，1929 年国民政府的"废止中医案"，2006—2009 年的"告别中医中药"事件。这些废除中医的倡导者，他们打着的旗号除"文化的名义"或者政治的权力外，更多的无非是"科学的名义"，即"是科学则存，非科学则亡"，从而使中医的科学性问题，成为近百年来一直争议不断的问题。

其实，要回答中医究竟是不是科学的问题，首先要搞清楚什么是"科学"。如前所述，关于科学的界定，已出现很多种定义：有人认为科学就是对宇宙万事万物本质和规律的探讨的学问，有人认为科学就是反映现实世界各种现象的本质和规律的知识体系，有人认为科学就是分科的学问，有人认为科学必须满足逻辑推理、数学描述和实验验证这三个要求。上述前几种定义是宽泛的科学定义，最后一种定义是严格的科学定义。严格意义的"科学"是 17 世纪牛顿力学之后才形成的，也就是说 17 世纪以前，不仅中国没有，西方也没有科学。因此，给科学不同的定义，就会对中医的科学性问题作出不同的回答。

2014 年 5 月，全国政协副主席、中国科协主席韩启德院士在第十六届中国科协年会上与当地大学生对话时，直言不讳地给出了自己的答案："我不太同意中医是科学。"韩院士的回答，是基于严格的科学定义的。韩启德认为："科学是一科一科的学问,现代的学问必须包含要素,必须是可质疑的,不断地靠向真理,不断地纠错,必须是能实证的、量化的,必须用逻辑学的方法等,科学的要素,有很多中医是达不到的。如果硬要把我们的中医跟现代科学去靠,永远使人觉得你不如现代科学,跟现代科学没法儿去比。"

北京中医药大学国学院院长张其成教授,基于宽泛的科学定义,认为中医学虽然不是严格意义的科学,而是宽泛意义的科学;不是现代科学,而是传统科学;不是公理论科学,而是模型论科学。他说:"我们应该敢于承认中医并不是严格意义的科学,即不是现代自然科学意义上的科学,因为它不能数学描述,不能实验检验。这是客观事实,没必要遮遮掩掩。但也要清楚地认识到中医学是一种宽泛意义的科学,是中国传统科学的重要组成部分,是中国传统科学唯一沿用至今的学科,它集中体现了功能的、代数的、模型论科学的特征。"模型论科学把理论看作一簇与经验同构的模型,用模型化方法表达理论,用同构概念来说明理论与客观对象之间的数学关系和物理关系。"模型论的科学理论"是科学哲学的一个新观念,用这个新观念来审视中医学,人们可以自然地得出中医学是科学,中医学是古代科学,是模型论科学的结论[①]。这与张祥龙教授的观点:中国的科学,比如中医"又是正经科学又不是西方的主流科学",可谓殊途同归。

第二届国医大师、北京中医药大学教授孙光荣,从理念与方法角度出发,认为中医的理念与方法在诸多方面超越了当代理化生物等现代科技的认知度,是具有原创优势的。他认为,中医药学作为中国独有的医学科学,既古老又现代。古老,是指其传承历程久远而延伸;现代,是指其理念与方法。"中医药学具有天人合一的认知特征、整体相关的诊察特征、动态平衡的思维特征、辨识正邪的思辨特征以及燮理中和的施治特征,而这些都是用现代理化检查达不到的元素,是从化验单无法看到的结论,但却恰恰是中医辨证思维的重要元素,是中医因人因时因地制

① 张宗明.传承中医文化基因:中医文化专家访谈录[M].北京:中国医药科技出版社,2015:8—9.

宜进行整体辨证施治的重要依据。"孙光荣认为,"中医学、西医学,都是人类防治疾病、维护健康的医学科学,目的一致,但又是不同的医学体系:西医学属于自然科学,中医学既属于自然科学,也属于社会科学;西医学追求生物—社会—心理医学模式,中医学则讲究整体医学模式;西医学是在还原论的指导下,基于解剖学的基础上发展起来的,诊疗思维着重寻求致病因子和精确病变定位,然后采用对抗式思维,定点清除致病因子,使机体恢复健康;中医学则是在整体观的指导下,基于天人合一、形神合一的中国古代哲学基础上发展起来的,诊疗思维着重寻求致病因素和正气、邪气的消长定位,然后采用包容式思维,非定点清除致病因子,而是通过扶正祛邪、补偏救弊使机体恢复健康"。孙光荣认为,"人类的生命科学至今还是一个尚未打开的迷宫,科学认知中医科学,对丰富世界医学事业、推进生命科学研究具有积极意义"①。

全国人大常委会副委员长陈竺则从文化背景和认知的角度,表达他对中医的看法。他说:"中医药是中华民族的瑰宝,构成了我国医学体系的一个特色和优势,也是医疗卫生事业的重要组成部分。"他以国人熟知的"两小儿辩日"的故事,来阐释人们对中、西医学两种不同的认知:两个小孩争论太阳距离的远近,一个认为日出时近,中午时远,因为用肉眼观察日出时大,中午时小,而近的东西看起来大,远的东西看起来小;另一个则认为相反,因为日出时凉快,说明太阳离得远,中午时炎热,说明太阳离得近。陈竺认为,这个比喻形象地阐述了东西方医学认知方法的不同:东方文化中占主流的认知方法一直是经验和直觉,讲究从整体上来认识和处理包括疾病和生命等在内的复杂问题,而西方则是沿着"实证＋推理"的思维来发展其认知方法,导致在这两种文化背景和认知方法下发展的医学也大不相同。"西医遇到病人会考虑是功能性还是器质性,通过检查可以精确到具体病变部位,进而深入微观搞清楚什么是致病源。中医则考虑病人处于什么证型,是

① 罗朝淑.中医到底是不是科学?〔N〕.科技日报,2014－11－28(1).

饮食不当还是七情不调,是操劳过度还是季节变换,进而为病人进行整体调理。正是中、西医学在观察和思维方式上的不同,导致了人们对中医药学和西方医学的不同认识。当然,他也坦言,中医在比较长的时间里停留在经验和哲学思辨的层面,没能跟上近代科学体系相伴随的解剖学、生理学等的发展;现代科技对人类自身的认识也远未尽善尽美,因此长期以来形成中医理论无法用现代语言来描述、中医与西方医学无法互通互融的局面①。

与陈竺的观点类似,上海交通大学科学史与科学文化研究院院长江晓原教授认为,在中医和西医眼中,人体是两个完全不同的"故事":一个有经络和穴位,一个只看到肌肉、骨骼、血管、神经,等等。人们完全可以认为,支撑中医的理论就是人类用来描述外部世界的图像之一,虽然这个图像完全不同于西方人描绘的图像,但它同样有着哲学上的合理性②。这样,他提出了"科学"与"伪科学"之外的第三条从理论上为中医"辩护"的路径:不再宣称自己是科学,而是理直气壮地说"我就是我,我就是中医";既然我没打算将自己说成科学,也就没有人能够将"伪科学"的帽子扣到我头上;至于你们愿意将我视为"科学"与否,我无所谓。

① 罗朝淑.中医到底是不是科学?[N].科技日报,2014-11-28(1).
② 江晓原.从技术成就看"李约瑟之问"[N].人民日报,2017-05-31(7).

二、科学的跨界性

科学、哲学、宗教和艺术尽管在本质上有很大的差异，但都有一个共同的特征，即它们都是人类理性试图理解和把握现实世界的形式或方式，都是人类通向本体的途径，因此，科学与哲学、宗教、艺术的关系，不是相互排斥，而是相互关联，即有实现跨界研究的可能性。当然，要正确认识科学同哲学、宗教和艺术的这种复杂关系，离不开对科学的历史考查，最终使科学史成为科学的一种方法。

(一) 科学与哲学

科学与哲学,在现在的学科分类体系中的区别是显而易见的。实际上,两者并不是泾渭分明的。下面的几个哲学家兼科学家的故事,或许能在某种程度上诠释这个问题。

德国的莱布尼茨(Gottfried Wilhelm von Leibniz,1646—1716),是近代一位著名的哲学家,是欧洲大陆理性主义的高峰,提出了著名的"单子论"哲学体系,预见现代逻辑学和分析哲学的诞生。他与法国哲学家笛卡儿(René Descartes,1596—1650)、犹太裔荷兰籍哲学家斯宾诺莎(Baruch Spinoza,1632—1677)被认为是 17 世纪三位最伟大的理性主义哲学家。同时,他也是一位与牛顿齐名的科学家,他倡议于柏林成立科学院,并任首任院长,把盛行于英法等国的近代科技文化引入到德国民族文化传统之中。莱布尼茨出生于德国莱比锡大学一位哲学教授的家庭,他的博学被世人称之为"欧洲历史上最后一个通才",其研究的范围涉及数学、逻辑学、地质学、物理学、哲学各个领域,尤其在数学方面与牛顿各自独立地创立了微积分,并因此引起英国和欧洲大陆关于微积分优先权长达一个多世纪的争论。早在古希腊时就有人提出了微积分的初步设想,到了近代,随着自然科学的发展,开普勒、笛卡儿、帕斯卡(Blaise Pascal,1623—1662)等人都做出了贡献,最终在牛顿和莱布尼茨手中诞生。牛顿早在 1665 年就提出了"流数术",但直到 1687 年在他的《自然哲学的数学原理》中才第一次公开发表了微积分的研究成果。莱布尼茨在 1673 年左右独立地发现了求曲线的切线问题及其逆问题的重要性,1684 年发表了微分学原理,1686 年又阐述了积分原理。在确立了微积分之后,莱布尼茨又研究了微积分的四则运算法则和最小值法则,并用他自己创立的符号记法,写出了这些法则的数学表达式。他的符号记法和数学公式一直沿用至今。最初,牛顿是承认莱布尼茨在微积分上的成就的。然而,1699 年一位瑞典数学家给英国皇家学会写信,声称莱布尼茨在微积分这项发明上借鉴了牛顿的许多重要思想。一石激起千层浪,由此引发了旷日持久的关于微积分发明优先权的争论。这场争论一直上升到两国民族荣誉的高度,直接影响了两国科学界的交往。英国基本断绝与欧洲大陆科学家的来往,拘泥于牛顿的"流数术"停步不前,拒不接受莱布尼茨先进的符号体系,数学发展日显颓势①。

另一位德国近代著名哲学家康德(Immanuel Kant,1724—1804),也是一位天文学家。作为德国古典哲学的创始人、唯心主义者、不可知论者、德国古典美学的奠定者,康德被认为是对现代欧洲最具影响力的思想家之一,也是启蒙运动最后一位主要哲学家。康德提出的星云假说,是天文学上的杰出贡献,彻底改变了人们对宇宙的认识,正所谓:"康德在这个完全适合于形而上学思维方式的观念上打开了第一个缺口,而且用的是很科学的方法。"康德的星云假说受到英国业余天文学家赖特(Thomas Wright,1711—1786)"宇宙论"的启发,在 1755 年出版了他的天文学著作《一般自然史与天体理论》(*Allegemeine Naturgeschichte und Theorie des Himmels*,中译本名为《宇宙发展史概论》)。他认为,物质最初以微粒状态弥漫于空间,由于万有引力的作用,它们产生了相互运动。在运动过程中,由于碰撞或其他原因,有些微粒就失去运动力而落向较大的颗粒,这样就形成了一些凝聚核。凝聚核之间的相互作用,又逐渐形成了一些中心天体。由于天体之间固有的

---

① 马来平.趣味科学发展简史[M].济南:山东科学技术出版社,2013:86—87.

斥力和万有引力的共同作用,在中心天体周围慢慢汇聚了一些凝聚核作涡旋运动。同样的道理,在凝聚核的周围同样汇聚了大量的小凝聚核和弥漫物质作漩涡运动,这样就形成了太阳系和整个宇宙。这是科学史上第一个比较完整的天体演化学说。由于这个科学假说排除了"上帝第一次推动"的可能性,攻击了基督教神学世界观,与当时占统治地位的宇宙不变论相对立,康德也深知这个假说会引起很大的麻烦,最终这个学说以匿名的方式出版了几十本书。直到40多年后,法国天文学家拉普拉斯在不知道康德理论的情况下也得出了与康德星云说极为相似的理论,这个假说才引起人们的重视,并将两者的思想合称为"康德-拉普拉斯星云假说"。在整个19世纪,该假说在天文学中一直占据统治地位。今天看来,康德的这一假说显然非常粗略,其中哲理多于科学,但他的基本思想(即认为太阳系是由原始星云形成的)仍然是正确的,现代太阳系起源的新星云假说就是继承了这些基本思想而发展起来的。更重要的是,他用物质和运动解决了牛顿用上帝的帮助才能解决的问题。康德就把原来那种静止的、不变的宇宙模型,变成了一个历史的发展过程,打破了机械自然观一统天下的局面。"有两种东西,我对它们的思考越是深沉和持久,它们在我心灵中唤起的惊奇和敬畏就会日新月异,不断增长,这就是我头上的星空和心中的道德定律。"①这句镌刻在康德的墓碑上、出自其《实践理性批判》最后一章的话,是他作为科学家兼哲学家最好的注脚。

法国的笛卡儿,是著名哲学家、科学家和数学家。他对现代数学的发展做出了重要的贡献,被认为是"解析几何之父"。他还是西方现代哲学思想的奠基人,是二元论的代表,留下名言"我思故我在",提出了"普遍怀疑"的主张,是欧洲近代哲学的奠基人之一,黑格尔称他为"近代哲学之父"。笛卡儿在科学上最大的成就就是发明了平面解析几何的坐标系。传说有一天,他生病卧床,望着天花板思考数学问题。突然,一只在天花板上面爬来爬去的蜘蛛引起了他的注意。当时,一

---

① 马来平.趣味科技发展简史[M].济南:山东科学技术出版社,2013:88—89.

个几何问题正在困扰着笛卡儿,直到看到这只蜘蛛才豁然开朗:能不能用两面墙的交线及墙与天花板的交线,来确定它的空间位置呢? 想到这里,笛卡儿立即起身,在纸上画了 3 条互相垂直的直线,分别表示两墙面的交线和墙与天花板的交线,用一个点表示空间的蜘蛛。这样,蜘蛛在空中的位置就可以准确地标出来了。第二天,笛卡儿便"开始懂得这惊人发现的基本原理",即他得到了建立解析几何的线索。后来,由这样两两互相垂直的直线所组成的坐标系,被人们称之为笛卡儿坐标系①。除了数学和哲学方面,笛卡儿在天文、物理、医学等诸多领域也取得了很大的成就。他的代表作《谈谈方法》所提出的方法论,对西方近代科学的发展,起了很大的促进作用。由于笛卡儿在各个领域对人类做出了重大贡献,被誉为"近代科学的始祖"。

---

① 公隋.微历史:世界名人 860 个经典段子[M].北京:北京理工大学出版社,2012:86.

（二） 科学与宗教

随着近代自然科学的独立和其长足发展，科学与神学事务间的争吵是常有的事，正所谓："一方面我们拥有教堂反对科学进步的大量历史事实的真实记录；另一方面，又有包括著名科学家伽利略（Galileo Galilei，1564—1642）、布鲁诺（Giordano Bruno，1548—1600）等在内的一大批科学殉道者。"由于这一系列的事实，在许多人看来，科学与宗教、神学是水火不容，永远处于分立乃至对立状态之中的。然而，人类思想史的分析考察将给出与之不同的观点。它表明，科学与宗教的关系是相当复杂的。不同形式的宗教，乃至同一种宗教的不同阶段，其对科学的态度都是不同的。其中既有对科学的阻碍作用，也有对科学的不自觉的促进作用。宗教的动机既当催化剂又当抑制剂，有时还同时扮演两者。

事实上，在16、17世纪及18世纪的大半，科学家所做的工作都与宗教的需要密切相关。哥白尼、开普勒（Johannes Kepler，1571—1630）、伽利略、波义耳（Robert Boyle，1627—1691）、牛顿不仅是近代科学的开拓者，而且也是虔诚的清教徒。但是，这些科学家心目中的上帝与其说是掌管一切人类事务的人格化的上帝，不如说是大自然本身，是自然界的规律与秩序。这就是科学家所抱有的"宇宙宗教感情"的本质。

出生于基督教世家，在当代被冠以"科学家"头衔的牛顿，其学术研究除自然科学外,还涉及神学、宗教学等,因此他也常被历史学家赞为"神学家-科学家"的代表。牛顿的宗教兴趣是他科学研究的重要动力。在他看来,科学是赞美上帝的重要形式,科学在某种程度上受到高度评价,是因为它揭示了上帝的威力。他为自己能通过简洁、优美的力学定律去揭示上帝的秘密而备感欣慰。但在追求最终因知识,思考宇宙的最初动因时,他却不得不诉诸作为第一推动者的上帝。在他看来,"那种盲目的形而上学的必然性,当然同样是无时不在无处不在的,但它并不能产生出多种多样的事物来。我们在不同时间不同地点所看到的所有各种自然事物,只能发源于一个必然存在的上帝的思想和意志之中";"我们只是通过上帝对万物最聪明又最巧妙的安排,以及最终的原因,才对上帝有所认识"。类似的物质守恒、动量不变、功或能的不灭性等一些支配当代物理学的一些重要概念的产生都曾受到神学思想的影响。

即使在 20 世纪,爱因斯坦、普朗克、海森堡、萨拉姆(Abdus Salam,1926—1996)等科学大师也时常谈到自己的宗教情怀以及科学与宗教的关系。不过,他们心目中的宗教绝不是迷信,更不是对那个拟人化的上帝的顶礼膜拜,而是对秩序井然的宇宙的一种深深的敬畏,是对永恒的自然规律的无限向往,是一种深挚的宇宙宗教感情,是激励他们不懈追求的巨大精神力量。他们心目中的上帝绝不是那个"慈父"般的人格化的上帝,而是存在于事物有秩序的和谐中显示出来的上帝。

爱因斯坦曾经说:"你很难在造诣较深的科学家中间找到一个没有自己的宗教感情的人。但这种宗教感情同普通人的不一样。他们的宗教感情所采取的形式是对自然规律的和谐所感到的狂喜与惊奇,因为这种和谐显示出了这样一种高超的理性,同它相比,人类一切有系统的思想和行动都只是它的一种微不足道的反映。只要他能够从自私欲望的束缚中摆脱出来,这种感情就成了他生活和工作的指导原则。这样的感情同那种使自古以来一切宗教天才着迷的感情无疑是非常相像的。"1954 年 3 月 22 日,在给一位自学成才者的回信中,爱因斯坦写道:"我不相信什么人格化的上帝,我从不否认这一点,而一向说得清清楚楚。如果我身上有什么称得上宗教性的东西,那就是一种对迄今为止我们的科学所能揭示的世界的结构的无限敬畏。"1936 年 1 月 19 日,爱因斯坦在回复纽约市一位六年级学生有关科学家的宗教信仰的来信时,更明确地指出:"任何一位认真从事科学研究的人都深信,在宇宙的种种规律中间明显地存在着一种精神,这种精神远远地超越人类的精神,能力有限的人类在这一精神面前应当感到渺小。这样研究科学就会产生一种特别的宗教情感,但这种情感同一些幼稚的人所笃信的宗教实在是不相同的。"

普朗克也十分关注科学与宗教这个问题。1937 年 5 月,在一次题为"科学与宗教"的精彩演讲中,他围绕着一个科学家是否能够真正笃信宗教的问题展开了深入探讨。在普朗克看来,宗教能把人类与上帝联结在一起,它的基础在于对面前至高无上力量的崇敬和敬畏之心。信仰宗教的人无法从逻辑上证明上帝的客观存在,但作为其宗教虔诚的前提,他相信上帝独立于地球和人类而存在,上帝在永恒中以他的全能之手掌管着这个世界。有创造性的科学家也具有作为前提条件的信仰,相信一个独立的外在世界及人类可以认识的自然规律与秩序,并且为人的这种认识能力而感到惊讶。在普朗克看来,科学统一大业的不断进展,迫使人们认为"科学的世界秩序即宗教的上帝"。可见,普朗克心目中的上帝是自然界令人敬畏的秩序和统一律,他不相信一个人格化的上帝,更不用说像基督一样的上帝了。显然,这种诚挚的宇宙宗教感情实际上是一种无神论,是科学的唯物主义①。

总之,宗教尤其是西方宗教具有两重性:就其强调信条而言,它和科学的理性是互不相容的,但是就它那种永不满足地追求无限的精神而言,它又和科学有相同和相通之处。科学与宗教,是对抗的还是相容的,任何简单的肯定或否定,都类

---

① 许良. 宁静致远——崔琦的科学风采[M]. 上海:上海科技教育出版社,2002:185—190.

似于把历史简化为英雄和坏人的做法，是草率的和不可取的。否则，人们就难以理解为什么近代科学能迅速地诞生于具有深厚基督教文化根基的西方，以及作为虔诚的基督徒的哥白尼、开普勒、伽利略、牛顿等人何以能做出那样杰出的科学贡献。

（三） 科学与音乐

科学与艺术是相近的，它们的起源和发展，都与社会的经济、生产、哲学、宗教等有着极复杂的关系。音乐作为艺术门类中极具代表性的一种，与科学之间毫无疑问有共同的基础。

从人类文化史来看，科学和艺术都可以追溯到极其遥远的古代。在早期阶段，包含着多种作为科学和艺术发生中介的文化形态，如游戏、摹仿、巫术、仪式，以及其他生活方式、风俗习惯等。一位伟人曾说过："一切都经过中介连成一体，通过转化而联系。"科学与音乐的产生过程中，也许正是因为有了这种联系和转化，使得这种神性成为后世许多科学家与音乐家创作的信仰，也使一些兼具科学家与音乐家的伟人横空出世。

爱因斯坦曾坦言："如果我不是物理学家，可能会是音乐家。我整天沉浸在音乐之中，把我的生命当成乐章。我生命中大部分欢乐都来自音乐。"13岁那年，爱因斯坦在阅读康德的哲学著作时，无意中发现了莫扎特（Wolfgang Amadeus Mozart，1756—1791）的奏鸣曲，从此便无法自拔，坚持自学小提琴，甚至与小提琴形影不离。音乐成了他最大的爱好，伴随他度过了70余个春秋。爱因斯坦小提琴演奏的水平，行家评论说：他是一个真正的音乐家；尽管他没有时间去练习，但无论如何演奏得十分好。

爱因斯坦不仅仅属于科学,科学也并不是与艺术毫不相干。对于伟大的科学发现来说,抽象的逻辑思维倒总是验证非凡想象力的工具。所以,爱因斯坦始终没有成为数学公式的奴隶,"我相信直觉和灵感。……有时我感到是在正确的道路上,可是不能说明自己的信心。当1919年日食证明了我的推测时,我一点也不惊奇。要是这件事没有发生,我倒会非常惊讶。想象力比知识更重要,因为知识是有限的,而想象力概括着世界上的一切,推动着进步,并且是知识进化的源泉。严格地说,想象力是科学研究中的实在因素。"科学和艺术的互补性与统一性,使音乐成为爱因斯坦的"第二职业"。不管旅行到哪里,他总是身不离提琴,甚至参加柏林科学院的会议,也要随身带着琴盒,以便会后拜访普朗克、玻尔时,能在一起拉拉弹弹。在紧张思索光量子假说或广义相对论的日子里,爱因斯坦一旦遇到困难,思索陷入困顿时,他就会不由自主地放下笔,拿起琴弓。那优美、和谐、充满想象力的旋律,会在无形中开启他对物理学的思路,引导他在数学王国作自由、创造性的遐想。音乐往往催化出爱因斯坦的科学创见和思维火花。在音乐的自由流淌中,深奥的理论物理学有了美妙的旋律。

爱因斯坦的小提琴演奏水平很高,还能弹一手好钢琴。他与同时代的物理学家们有过许多理论上的争吵,也有深厚的并肩战斗的友谊。在他们的交往中,音乐常常起到妙不可言的作用。爱因斯坦和荷兰莱顿大学物理学教授埃伦费斯特(Paul Ehrenfest,1880—1933)是终身挚友,但在相对论问题上,又总是争论不休。从1920年起,爱因斯坦接受荷兰的邀请,成了莱顿大学的特邀教授,每年都来几个星期,住在埃伦费斯特家里,讨论、争论自然是免不了的事。埃伦费斯特思维敏捷,又心直口快,批评意见尖刻、毫不留情。这点恰好与爱因斯坦棋逢对手,唇枪舌剑之后,能统一观点自是皆大欢喜。遇到无法统一的争论,两个好朋友会自动休战。埃伦费斯特是位出色的钢琴家,他喜欢替爱因斯坦伴奏。爱因斯坦则只要埃伦费斯特伴奏,那提琴演奏定是美妙绝伦。有时,一支乐曲奏到一半爱因斯坦会突然停下,用弓敲击琴弦,让伴奏停止演奏。或许是一段优美的旋律触动了灵感,争论又开始了。争着,争着,爱因斯坦又会突然停下,径直走到钢琴边,用双手弹出三个清澈的和弦,并强有力地反复敲打这三个和弦。这三个和弦像是在敲"上帝"的大铁门,"镗!镗!镗!"像是在向大自然发问"怎——么——办?"弹着弹着,"上帝"之门打开了,沉默的大自然与这些虔诚的探索者接通了信息管道。两个好朋友笑了,欢快悠扬的乐曲又响起来了。

爱因斯坦曾与德国最伟大的物理学家普朗克合作弹奏过。弹钢琴者是量子论创始人普朗克,演奏小提琴者则是相对论创始人爱因斯坦。量子论和相对论共同构成了20世纪物理科学两大支柱。在科学上,他们共同描绘了物理学的一幅优美和壮丽的图景;在音乐艺术上,他们同样能奏出扣人心弦的乐曲。在这两位理论物理学大师的心目中,科学的美和艺术的美是相通的而且互补的,是精神世界最高、最美的两个侧面。只有科学的美,没有艺术的美,是残缺的;只有艺术的美,没有科学的美,同样是残缺的[①]。

对于科学研究和音乐,爱因斯坦作过一番总结:"音乐和物理研究起源不同,目标却一致,就是追求表达未知。它们方式不同,但相互补充,在这个充斥人造形象的世界中寻找避难所。这个避难所可以是音符,也可以是公式:我们在那里宾至如归,并获得超越日常生活的安定。"曾有一幅著名的漫画:爱因斯坦的脸被画成一把小提琴,琴弦上既有音符,还有那个著名的物理学公式 $E = mc^2$。音乐以它那温柔而深邃的怀抱接纳了爱因斯坦,让他吮吸着人类文化最甘甜的乳汁,给他一个安宁的精神家园,也给了他日后作为一代物理学大师的超凡想象力,正所谓"想象力比知识更重要,正是音乐赋予我无边的想象力"。

如果说爱因斯坦是一位具有音乐演奏天赋的科学家,那么威廉·赫歇尔(Friedrich Wilhelm Herschel,1738—1822)则是一位在作曲与音乐演奏方面均卓有成效的科学家。威廉·赫歇尔是德国人,出身音乐世家,后来在天文学史上以

---

① 聂运伟.爱因斯坦传[M].武汉:湖北辞书出版社,1996:7—13.

"著名英国天文学家"的头衔闻名于世。他从小就喜欢音乐,并很早就显露出这方面的天赋,他4岁时就跟从父亲学习拉小提琴,后来学习吹奏双簧管,并很快成为一名出色的双簧管演奏者。由于家境遇到困难,他16岁时离开了学校,与父亲一样加入了禁卫军乐团,在那里担任小提琴和双簧管演奏员。1757年,威廉·赫歇尔不堪忍受战争之苦,偷渡到英国伦敦。他的音乐天才使他在英国获得了成功,随着在英国知名度的扩大,他的地位也不断提升,先后担任过音乐教师、演奏师,并成为有一定知名度的作曲家。威廉·赫歇尔在演出和作曲之外,有了一些闲暇的时间,便学习英文、意大利文和拉丁文,同时广泛阅读牛顿、莱布尼茨等科学家的自然哲学、数学、物理学著作,最终成为恒星天文学的创始人、英国皇家天文学会第一任会长、法兰西科学院院士。

（四） 科学与绘画

　　绘画指的是用可见的视觉形象去反映现实。尽管科学与绘画属于不同领域，但是由于它们都是包含真知的学问，因此，科学与绘画应该存在某种关联。

　　例如，作为科学根基的物理学，与绘画艺术之间就是以一个共同的基点确定地关联在一起。一方面物理学和绘画艺术都反映了人们眼前的大千世界中无数现象背后的两种秩序——精确的、严格的秩序和混沌的、奔放的秩序；另一方面，它们在反映这两种秩序的过程中，均获得了真理的普遍性以及人类揭示真理的创造力。在物理学和绘画艺术的极致境界，两者是浑然一体的。19 世纪下半叶、20 世纪初，在艺术和物理学领域，均发生了一系列突破性的重大变革。就在这个人们与传统观念作彻底决裂的紧要关头，当勇于改革的物理学家，在以自己的睿智才思用其特有的方式，思考和探索自然的同时，艺术家也在以其某种既相似又不同的眼光，审视和体味着这个大千世界。比如，美国的外科医生、艺术尤其是绘画的业余爱好者史莱因（Leonard Shlain，1937—2009）分别以三位典型的著名画家马奈（Édouard Manet，1832—1883）、莫奈（Claude Monet，1840—1926）和塞尚（Paul Cézanne，1839—1906）为例，来阐述这个问题。他指出："马奈最先使水平线这条直线变成弯曲的，莫奈令清晰的边界模糊起来，塞尚则让桌子的直缘出现位错。如果使视线聚焦于一点，所观察到的就是沿竖直和水平两个方向铺开的画面,画内是从投影点那里铺展开来的边界清晰的物体,而如果采用环形的视野——这就是说,一种更宽阔、更富包纳性的视野,看到的就会是不聚焦的、弯曲的、多视点的景象。这三位画家给出的就是后面这一视野。他们对传统的透视画法和不可侵犯的直线发起了攻击,从而使观察者意识到,沿投影几何学线条展开的空间,并不是摹想空间的唯一方式。而人们一旦开始能用非欧几里得的方式看视世界后,也就能开始用这一方式思维了。"显然,这三位画家通过形和色所展现的图像之令人震惊的正确性,几乎是以艺术的方式预示了爱因斯坦后来对于广义相对论的创立。因为他在构建广义相对论的过程中发现,在引力理论中,起最重要作用的是时空曲率的概念。"当引力场存在时,几何学就不是欧几里得几何学"。最终,爱因斯坦将黎曼几何作为广以相对论中的空间几何,空间的曲率就是由充满它的物质的性质决定的。爱因斯坦就这样借助数学模型的方法,给出了他的理论的基本方程。这些方程同时也是引力场的方程,并从中引出物体在引力场中的运动规律。其中由广义相对论得出的水星轨道近日点的进动、光线穿过强引力场时弯曲、强引力场所发射出的光谱线向红端移动等规律,均为实践所证实[①]。

达·芬奇(Leonardo da Vinci,1452—1519)是文艺复兴时期意大利的天才科学家、画家。他存世的名画《岩间圣母》,很好地诠释了几何学以及光学研究对他的绘画的巨大促进作用。在这幅画中,人物、背景处理上使用类似烟雾状的笔法,以及画面中呈现出来的写实、透视、缩形等技术法的采用,皆证明了他在处理科学的逼真写实和艺术加工的辩证关系方面达到了新的水平。这幅画虽属传统题材,然而在表现手法上,细细推敲,处处体现达·芬奇寓科学研究于绘画的能力。在达·芬奇时代,人们对于感官与世界关系的认知仍然很幼稚。在古希腊的柏拉图看来,人类之所以能感应宇宙,主要是因为眼睛会投射出能够反弹回来的微粒。中世纪光学研究指出:物体影像出现在眼睛的表面,而且出现的就是物体本身的

---

① 程民治,王向贤.物理科学与绘画艺术[J].南通大学学报(社会科学版),2010(4):99—104.

形象,眼睛与物体之间以直线进行。然而,爱好科学的达·芬奇经过一些有趣的实验和思考,否定了前人的观点。他认为眼睛所看到的影像是由于物体反射的光而产生的。他对光的研究,帮助他在对阴影和影子的主题研究上迈进了一大步。他在光学领域以及眼睛功用方面的发现,无疑在他的艺术表现上起着举足轻重的作用[①]。

如果说达·芬奇是以绘画而名世的科学家,那么李政道则是以科学而闻名的画家。李政道是一位倡导科学与艺术交融的智慧使者,一贯提倡"科艺相通"。他在长期的科学研究和艺术探讨中发现,艺术,特别是绘画艺术,除了能激发人们的情感,更能表达科学的内容。他曾说:

> 科学与艺术是"一个硬币的两面",是一个统一体。工作与生活也是一个人的两个面,也是一个统一体。只是我没有时间去发展业余爱好,但是,为了使自己的心情愉快,松弛一下紧张的工作,我有时间就喜欢画画,听听音乐,读读文章。我自己画过画,不过,我只是描摹,因为我只是个科学家。

李政道曾主编《科学与艺术》(上海科学技术出版社 2000 年出版)一书,其中汇集了 20 世纪 80 年代及 90 年代中国画坛名家吴作人、李可染、黄胄、华君武、吴冠中、张仃、常沙娜、袁运甫等所创作的表达科学主题的艺术杰作,也有李政道本人的画作。这些载入画册的艺术杰作,大都是由李政道提出创意,由画家精心创作而成。例如,吴作人创作的《无尽无极》,以"现代太极图"的形式,表达了一个重要的科学思想:世界是动态的,宇宙的全部动力、所有物质和能量都产生于静态的阴阳两极的对峙中;吴冠中以点、线挥洒神韵,千变万化、化静为动的抽象画,生动

---

① 郑曙旸,聂影,唐林涛,等.设计学之中国路[M].北京:清华大学出版社,2013:435—437.

地表达了科学中"简单与复杂"的关系……①作为科学家,李政道也时常作画。《李政道随笔画选》(上海科学技术出版社 2007 年出版),就是从李政道先生随笔画中精选出的百余幅作品集。这些画作,充分体现科学与绘画的相通关系,正如著名画家吴冠中先生在该画册的序言中写道:"科学探索宇宙之奥秘,艺术探索感情之奥秘,奥秘和奥秘间隐有通途。"

---

① 魏洪钟.细推物理须行乐——李政道的科学风采[M].上海:上海科技教育出版社,2002:214,216.

（五） 科学与历史

科学的内涵不单指科技成果，如相对论、DNA 双螺旋结构、信息技术等，还包括科学精神、科学思想和科学方法。人不仅在现实生活中、在与今人交流中可以产生思想，在读古书中也可以产生出新的思想火花，成为宝贵的财富。1969 年诺贝尔生理学或医学奖获得者、信息学派的先驱者之一德尔布吕克（Max Delbrück，1906—1981）就认为他的分子生物学成就与读亚里士多德的著作有关。史学，尤其是科学史学对科学发现的意义可见一斑。

在这里，科学发现是指通过对科学史的研究，发现在科学领域虽然存在但并不为人知的物种、现象和规律等。科学史学促成科学发现的途径主要有两个：一是在宏观上运用历史研究法，做出原有文献并未记载的发现；二是在微观上通过对科学史料的查阅和研究，发现原有文献记录的前人的科学成果。

科学史本身就是一种研究方法。著名的科学史学家萨顿（George Sarton，1884—1956）认为：“科学史不是发现的历史，而是使发现成为可能的方法的历史，因为方法是一切过去、现在、将来的发现的源泉，它比起任何一种可能出现的发现，自然更加重要。”也就是说，只要把科学史作为一种研究方法，就可以源源不断地做出科学的发现。在萨顿之前，法国著名的科学家和科学史家迪昂（Pierre Duhem，1861—1916）早就深谙此道。在迪昂的眼中，不仅科学史在物理学理论的建构和完善(如假设的提出和取舍、实验证据的判断、理论体系的修饰和协调等)中发挥其功能,而且物理学方法本身也离不开科学史的指导。即使是错误的历史,迪昂也深知其方法论的价值:它有助于评价真理,避免重蹈谬误的覆辙,在新时期重用旧方法或复兴旧理论。与迪昂同一时期的科学家,如英国天文学家威廉·赫歇尔的儿子约翰·赫歇尔(John Herschel,1792—1871),奥地利物理学家马赫(Ernst Mach,1838—1916)等也都非常推崇科学史在科学研究中的方法论价值,并把它作为推动他们工作的一个重要的指导思想和研究工具。我国老一辈科学家也很重视这一方法的应用,竺可桢先生关于气候变迁的研究就是一例。从 1925 年开始,他就不断地从经、史、子、集以及笔记、小说、日记、地方志中收集有关天气变化、动植物分布、冰川进退、雪线升降、河流湖泊冻结等资料,加以整理,于 1972 年发表了《中国近五千年来气候变迁的初步研究》,指出在近五千年中的最初两千年,黄河流域年平均温度比现在高 2℃ 左右,一月比现在高 3℃～5℃,与现在长江流域相似;在那以后,有一系列的冷暖波动,每个波动历时约 400～800 年,年平均温度变化 0.5℃～1℃。他还认为气候波动是世界性的。他的这篇文章发表后,立刻被译成英、德、法、日和阿拉伯诸种文字,可谓引起全世界的轰动,就连著名的《自然》杂志都发表评论说:"竺可桢的论点是特别有说服力的,着重说明了研究气候变迁的途径,西方气象学家无疑将为获得这篇综合性研究文章感到高兴。"竺可桢开创的这种研究气候变迁的历史方法,意义远不止此,它还为人们如何从科学史中做出科学发现提供了重要的启示,而这种方法对中国的科研人员尤为重要。中国历代积累下来的科学史料颇为丰富,但它们大多散见于各部各类各书之中。因此,采用历史方法对它们进行收集、分析和整理具有重要的意义,也必将推动我国的科学研究发展。事实上,我国科学家除了成功利用科学史学历史研究法对气候变迁研究实现突破外,他们还在天文学领域通过对古天文资料的整理和分析,利用古新星记录认证超新星遗迹,并判定其年龄;他们利用我国历史记录的优势,大量收集各地各代有关地震的资料,作出中国地震区域图,编制《中国地震历史资料汇编》,适应经济建设的需要;他们还利用 1800 年有关的历史文献和地质勘探资料,结合现场考察,构建三峡地区相应的历史模型,并提出了可行性方案,取得了地质理论分析和计算都难以达到的成果。

另外,查阅历史文献也有助于科学发现。由于种种原因,科学中的有些发现(这些发现已形成文字)尽管有着划时代的意义,却被埋没多年。当这些发现被重新发现之时,就给科学研究提供了一种契机,并推动着科学的创新。科学史上最著名的例子就是"孟德尔发现的重新发现"。1900 年,当荷兰的德弗里斯(Hugo de Vries,1848—1935)、德国的科伦斯(Carl Correns,1864—1933)和奥地利的契马克(Erich von Tschermak,1871—1962)三人在事先都不知道孟德尔的工作的情况下,各自独立地在杂交植物的后代中发现了性状遗传的某些规律。当他们准备发表成果时,却都在查阅过去的资料过程中十分意外地看到了孟德尔的文章。他们都认为孟德尔的研究比他们早而且更加细致,于是三人在各自发表的文章上都提到了孟德尔,并把这个荣誉归于孟德尔。孟德尔关于遗传学上的天才发现(分离定律和独立分配定律)被重新发现,标志着遗传学作为一门独立的科学正式诞生了。又如,以 2001 年我国首届国家最高科技奖获得者吴文俊院士为首的中国科学家发现,我国的数学著作自汉代《九章算术》就创造了一种表达方式,它将 246 个应用问题,分为 9 章,在每章的若干同类型的具体问题之后,总结出一般的算法。这种算法比较机械和刻板,每前进一步,都有有限多个确定的可供选择的下一步,这样沿着一条有着规律的刻板的道路一直往前走就可以得出结果。他们把这种算法称之为"机械化",以区别于西方的"公理化"思想。他们还发现这种以算为主的"机械化"算法正符合计算机的程序化。在此基础上,吴文俊院士利用我国宋元时期发展起来的增乘开方法和正负开方法,在 HP25 型袖珍计算机上,利用仅有的 8 个存储单位,编制一个小程序,竟可以解高达 5 次的方程,而且可以达到任意预定的精度,引起了国际学术界的高度关注①。

另外,人们为了更好地理解科学的发展,也必须将科学和历史过程联系在一起。这是因为科学本身就是一个复杂的历史过程,它既包括高度复杂的理论体系和种种古老的、僵硬的思想,又包含对未来思想体系的模糊的、不连贯的预期,纯粹靠抽象的理性法则根本不能说明科学进步的原因②。

① 詹志华.中国科学史学史概论[M].北京:科学出版社,2010:总序 iv,351—354.
② 牛秋业.不可通约——费耶阿本德的科学哲学研究[M].北京:光明日报出版社,2010:80.

（六） 科学的跨学科研究

科学的发展是一个分化与综合相伴的过程。古希腊的柏拉图把哲学视为统一科学的一门学问；亚里斯多德虽然提出知识划分体系，但对逻辑、自然哲学、伦理学、政治学、形而上学等进行广泛系统研究；阿基米德将数学研究与力学、机械相结合；至近代，牛顿、道尔顿、法拉第等都是跨越了不同学科边界的科学家。丹麦免疫学家、1984 年的诺贝尔生理学或医学奖获得者杰尼（Niels Kaj Jerne，1911—1994）就是一位从小就喜欢哲学、大学学习物理学专业，而最后成为一位医学家的跨学科研究者。

杰尼于 1911 年 12 月 23 日生于英国伦敦。杰尼出生后不久，全家移居丹麦，后又到了荷兰鹿特丹。他由于发现了单克隆抗体的生产方式，以及相关的免疫学贡献，而与另外两位科学家共同获得 1984 年的诺贝尔生理学或医学奖。杰尼在哲学方面也有很深的造诣，这与他从小的兴趣有密切的关系。

杰尼从小就非常喜欢读书，尤其对哲学方面的书籍感兴趣。他小时候非常有天分，而且悟性极强。小小年纪的他就能读懂很多连大人都不一定能读懂的哲学书，而且读得津津有味，仿佛书中有什么宝贝吸引着他。杰尼的父亲没有上过大学，却有一间十分宽敞的书房，书房里立着一排排书架，书架上陈列着各种各样的书，其中最多的就是哲学书籍。这间书房给小杰尼的童年带来了许多乐趣，也给他带来了许多知识。小杰尼经常趁父亲不在家时,偷偷溜进书房,然后畅游在书海之中,流连忘返、自得其乐。这比他得到了一件新的玩具还要让他高兴。上中学时,他已经熟读了德国哲学家康德、尼采等人的著作。父亲书房里的书基本都被他阅读过了。杰尼的学习成绩很好,年仅 16 岁就通过了大学的入学考试。由于从小的兴趣,杰尼很想学习哲学。按理说,收藏了大量哲学书籍的父亲应该会同意儿子的选择。事实却并非如此,父亲希望自己的儿子能继承自己的事业——经商。杰尼把自己通过了大学入学考试的事情告诉了父亲,并希望父亲允许他去上大学。父亲听了杰尼的想法后,语重心长地对他说:"上大学是一件很不容易的事情啊,你最好还是经商吧。"父亲担心儿子的未来,于是拜托自己的朋友,为杰尼在一家贸易公司找到了一个职位。就这样,杰尼上大学的梦想破灭了。

杰尼听从了父亲的安排,进入了这家贸易公司工作。尽管他在公司干得非常好,职位也得到了提升,但是他心里从来都没有忘记过读书这回事。他始终对哲学念念不忘,常常在工作之余钻研哲学。杰尼在这家贸易公司工作了 3 年。3 年里,杰尼对哲学的兴趣丝毫没有减退,他实在无法放弃哲学,而且自己也不喜欢这份工作。苦思冥想之后,杰尼终于鼓足勇气在父亲面前说出了自己的愿望——继续学习哲学。听了儿子的话,父亲非常生气,一下子就变了脸色,但竭力控制住自己的情绪。他目不转睛地望着儿子,半天说不出一句话。这既是为儿子违背了他的意愿而感到生气,同时也为儿子不愿意继承他的事业而失望至极。看到父亲如此生气,杰尼不敢再说什么,他低着头,不说一句话。这时,一位在场的父亲的朋友过来劝杰尼说:"哲学的地位渐渐被现代科学所取代。如果你想上大学的话,还是学物理学吧!"这些话给父亲极大的启发,他觉得这不失为一个好办法。父亲想:既然儿子不愿意继承自己的事业,要上大学,那就让他去吧。于是,父亲用不容商量的口吻说:"到莱顿大学学物理去!"当时,莱顿大学是荷兰最好的大学,它以物理学而闻名世界。就这样,父子俩互相让步、妥协,杰尼顺利进入了自己梦寐以求的大学学习,尽管他学习的不是自己最喜欢的哲学,但这总比让他去经商要好。在莱顿大学学习物理学期间，他从来没有忘记过哲学，始终坚持钻研哲学，并且取得了较深的造诣。

在学习两年物理学后，杰尼仍然没有确定今后学习和事业的方向。他对物理学的兴趣不大，但又不愿意继承父亲的意愿去经商。今后自己要做什么呢？该拿什么养活自己呢？经过反反复复的思考，杰尼最终选择了医学。于是，前往哥本哈根并开始研读医学，于1947年在哥本哈根大学毕业。1943—1956年，他在丹麦国家免疫血清研究所从事研究工作，1951年获得医学博士学位。20世纪50—70年代，杰尼提出了抗体形成的"天然"选择学说、抗体多样性发生学说和免疫系统的网络学说，建立了细胞免疫学理论，故被称为"现代免疫学之父"。但他自始至终没有放弃过哲学，最后成为一个哲学造诣深厚的医学家[①]。

如果说杰尼是从人文科学跨界到自然科学领域，那么美国国家科学院院士、加州大学洛杉矶分校地理学系教授戴蒙德（Jared Diamond，1937—　）则是从自然科学跨界到人文社会科学，即他是以生物学家的身份来研究人类历史的发展问题的。戴蒙德在自然科学领域曾获得过美国国家科学奖章，在人文社会科学领域著有《昨日世界》(2012)、《崩溃》(2005)、《枪炮、病菌与钢铁》(1997)、《第三种黑猩猩》(1991)等书。他是当代少数几位探究人类社会与文明的思想家之一，其科学研究经历是从生理学到进化生物学和生物地理学、人类学。戴蒙德的主要贡献是把人类的历史研究变成了科学研究。他的《枪炮、病菌与钢铁》一书是作为生物学家的大历史研究的结果，因视野广阔、立意新颖、材料丰富、跨学科的学术功底深厚，再加文笔优美，书一出版即为大众所喜爱，一时洛阳纸贵，在出版的当年就获得了普利策奖。本来有关人类社会和文明演化的历史问题，是历史学家所关注的问题。但是，戴蒙德从生物学、人类学、地理学、遗传学等跨学科的角度来解读大历史的问题，而且是从千万年前开始一直到当下，纵向很长，横向极宽。他不只是

---

① 高美.诺贝尔奖获得者童年故事[M].福州：福建少年儿童出版社，2015：75—77.

简单地停留在对历史人物、历史故事的描述上，而是尽量找到考古的、技术的、生物的、进化的等方方面面的证据，来回答历史科学的一些核心的问题。因此，人们很难用一句话来介绍戴蒙德的职业，因为他是一位生物学家，同时也是地理学家、历史学家、人类学家、遗传学家、社会学家①。

---

① 彭凯平.邂逅戴蒙德(上)(下)：跨界思维的魅力.彭凯平个人公众号.2014 年 12 月 11 日、12 日.

三、 科学的过程性

由于学术界对于科学的概念界定存在着较大争议,因此对科学的内涵的理解也就不尽相同。如果将科学理解为一种探究,那么它不仅强调科学的过程性,而且将科学的思维与科学的探究过程紧密地结合在一起。关于科学探究的过程,尽管国内外学者观点各异,但总体而言,研究者们对于科学探究基本框架的认识是基本一致的,即科学探究过程主要包括观察和提出问题、形成假设、实验求证、得出和交流结论四大基本步骤①。

---

① 盛立强.管理悖论研究[M].南昌:江西出版集团,2008:118—120.

（一） 科学问题

与科学成果相比，科学问题的提出往往更具意义。许多科学哲学家都认为，科学问题是科学发现的逻辑起点，一切科学研究、科学知识的增长就是始于问题和终于问题的过程；旧的问题解决了，又引出新的、更深刻的问题。海森堡曾说："提出正确的问题往往等于解决了问题的大半。"爱因斯坦说过："提出一个问题往往比解决一个问题更重要，因为解决一个问题也许只是一个数字上或实验上的技能而已。而提出新的问题、新的可能性，从新的角度去看旧的问题，却需要发挥创造性的想象力，而且标志着科学的真正进步。"爱因斯坦本人正是因为提出了解决牛顿力学体系中存在的问题或矛盾而建立了具有划时代意义的相对论。下面一段关于爱因斯坦与爱迪生（Thomas Alva Edison，1847—1931）的幽默对话，更是鲜活地反映出爱因斯坦对真正科学问题的看法。

有一次，大发明家爱迪生满腹怨气地对爱因斯坦说："每天上我这儿来的年轻人真不少，可没有一个我看得上的。"

"您断定应征者合格或不合格的标准是什么？"爱因斯坦问道。

爱迪生一面把一张写满各种问题的纸条递给爱因斯坦，一面说："谁能回答出这些问题，他才有资格当我的助手。"

"从纽约到芝加哥有多少英里？"爱因斯坦读了一个问题，并且回答说："这需要查一下《铁路指南》。""不锈钢是用什么做成的?"爱因斯坦读完第二个问题又回答说:"这得翻一翻《金相学手册》。"

"您说什么,博士?"爱迪生打断了爱因斯坦的话问道。

"看来我不用等您拒绝,"爱因斯坦幽默地说,"就自我宣布落选啦!"

爱因斯坦从自己的切身体验出发,强调不能死记住一大堆东西,而是要能灵活地进行思考。他认为,正确地进行思考,是追求机会至关重要的条件。

小时候的爱因斯坦一点也看不出有什么天才,到3岁的时候,还不会讲话。6岁上学,在学校里成绩非常差,一上课就是被批评的对象,老师还说他永远也不会有什么大的出息。大家一致认为他是一个天生的笨蛋。但在12岁的时候,爱因斯坦就已经决定献身于解决"那广漠无垠的宇宙"之谜。15岁那一年,由于历史、地理和语言等都没有考及格,也因为他的无礼破坏了秩序和纪律,他被学校开除。

爱因斯坦非常重视思考和想象。他说:"想象力比知识更重要。因为知识是有限的,而想象力包括世界上的一切,推动着进步,并且是知识进化的源泉。"在16岁时,他做着白日梦,梦想着自己正骑在一束光上,做着太空旅行,然后思考:如果这时在出发地有一座钟,从我坐的位置看,它会怎样流逝呢? 从此,他开始了他的科学远征。他设计了大量实验,提出了"光量子"等模型,为相对论和量子论的建立奠定了基础。

"疑"是人类打开宇宙大门的金钥匙。"为什么展翅翱翔的鸟儿能保持平衡",这个曾令达·芬奇陷入沉思的问题,促使人们对它不断探索,最终不仅让人类克服了大气阻力,还在数百年后确立了空气动力学法则。英国文艺复兴时期著名的哲学家培根说过:"多问的人将多得。"说的都是提问对于科学创新的重要性,有时提出一个好的问题就意味着问题解决了一大半。德国数学家希尔伯特(David Hilbert,1862—1943)在1900年提出的23个数学问题,对20世纪数学的发展起到了重大的推动作用。

同样,在科学史领域,英国学者李约瑟提出"李约瑟难题",比人们对此给出种种答案,更具有意义。"李约瑟难题"出自他的 15 卷本《中国科学技术史》,其核心思想是:为什么中国拥有辉煌灿烂的古代文明,而近代科学和技术的产生却不在中国。一般表述是:为什么在公元前 1 世纪至公元 16 世纪之间,在将人类的自然知识应用于实用目的方面,中国较之西方更为有效,而近代科学,关于自然界假说的数学及其相关的先进技术,却兴起于伽利略时代的欧洲?即为什么中国早期的科学技术较西方更为发达,近代科学和技术却诞生在西方?

    "李约瑟难题",很耐人寻味。众所周知,中国是享誉世界的文明古国,在技术上也曾有过令人自豪的成就。除了四大发明外,其他科学发明和发现也有不少。然而,从 17 世纪中叶之后,中国的科学技术却江河日下,跌入窘境。据有关资料,从公元 6 世纪到 17 世纪初,在世界重大科技成果中,中国所占的比例一直在 54%以上,而到了 19 世纪,骤降为只占 0.4%。中国与西方为什么在科学技术上会一个大落,一个大起,拉开如此之大的距离,这就是李约瑟觉得不可思议,久久不得其解的难题。

    尽管"李约瑟难题"在对科学内涵的理解方面被不少学者诟病,不过正是这个难题,启示人们应重新审视不同文化之间的差异,挖掘文化的深层价值,促使人们对当今中国科学进行反思。长期以来,西方学术界的思潮是把科学仅仅视为知识,在一个自主的封闭体系中去探讨科学的发生和发展,这就是所谓"内在论"或"内部主义"的思潮。但是,李约瑟通过对中国古代技术的长期研究,发现仅仅用内在论去研究李约瑟问题是远远不够的,需要从外部,即外在的影响如社会经济,人文思想方面去研究它们对于中国古代科学发展的影响。这种把"内部方法"与"外部方法"结合起来的观念,也许就是我国现阶段科技体制改革所面临的最大挑战,从而引发更多的人去关注,中国科学泰斗钱学森曾提出著名的"钱学森之问",或许就是一个最好的注脚。

（二） 科学观察

科学观察是人们通过自身感官或借助科学仪器，对客观对象进行有目的、有计划的考察和感知，以获取科学事实的一种感性认知活动。

科学观察可分为直接观察和间接观察两种。直接观察是不借助于仪器中介、仅凭感官直接考察客体的认识方法，它具有简单、直接、受客观条件限制较少、可随时进行等优点。但是，由于人类感官生理上的原因，直接观察有很大的局限性，例如，一般人的眼睛只能接受 380～760 纳米波长范围内的电磁波。为了克服感官的局限性，以 17 世纪初望远镜和显微镜为标志的仪器观察即间接观察迅速发展起来。所谓间接观察，就是通过仪器作为中介而进行的观察。利用仪器，极大地克服了感官的局限，扩大了观察的范围，提高了观察的精确性，使人们的观察得以向自然界的广度和深度延伸。例如，由于光学显微镜的应用，细胞和细菌进入了人们的观察视野，扩大了生物学的研究领域；而电子显微镜的出现，又把观察的视角深入到细胞的超微结构层次，推动了生物学的纵深发展。

作为科学研究的一个基本环节，科学观察在科学认识中具有重要的地位和作用。纵观科学发展历程可以看出，科学上的许多重要理论都是来自于持久而细心的观察。但是，科学理论的建立，还得借助理性的分析，即科学理论＝经验材料＋理性分析。

讲到这一科学研究规律时,不能不提到第谷与其学生开普勒的故事。德国科学家开普勒发现了行星运动的三大定律,揭示了行星运动的秘密,因而被人们誉为"天空立法者"。可是,如果没有他的老师——丹麦科学家第谷长期天文观察所取得的数据,开普勒是不可能取得如此巨大的成就的。

第谷(Tycho Brahe,1546—1601)是一位出身贵族的天文学家,由其叔叔扶养长大。第谷的成名在于他的天文观测事业。尽管其叔叔强烈要求他学文科,他却利用全部的业余时间研读天文学著作,尤其是托勒密的《天文学大成》和哥白尼的《天体运行论》,简直手不释卷。1560 年 8 月,第谷根据预报观察到一次日食,这使他对天文观测产生了极大的兴趣。1563 年 8 月,第谷观测到木星和土星相合的景观,并进行了详细的记录。这是他第一次记录天象,以后便一发而不可收。

1572 年 11 月 11 日黄昏时分,第谷正忙着手头的实验。疲劳的时候,他总是习惯性地凝视一下浩渺的天空。这时他一抬头,刚好发现了仙后星座中闪烁着一颗新星。为什么这么说呢? 因为从少年时代起第谷便熟悉天上的星星,他清楚地知道这些星的位置和轨迹。他熟悉它们,就像熟悉小伙伴们的脸庞一样。更何况今天的这颗新星是那么明亮,甚至都有些耀眼。他认定这是一颗新星,它以前从来没出现过。为了得到这颗星的准确数据,第谷使用了精心设计的六分仪却没能发现它有任何视差。如果它是颗近地星,就会有一定的视差,比如月球。他认为这是一颗从未出现过的恒星,于是给予了它相当的关注,并详细记录了该星的颜色和亮度的变化。这便是第谷超新星的发现过程。当时却有许多学者由于盲从《圣经》而把这颗星星称为魔鬼的幻影。

第谷在天文学界的另一突出贡献是对彗星的测定。那是在其发现超新星 5 年后的一个傍晚,第谷在文岛(Hven)的天文台发现了一颗彗星,并对其进行了详细的记录和精确的测量,直至 75 天后消失为止。第谷经过严密论证和推理得出结论:彗星发光是由阳光穿过彗头而致,彗星也是绕日公转的天体。第谷这次以不折不扣的事实驳斥了亚里士多德认为彗星是燃烧着的干性脂油的谬论。

30 多年的时间里,第谷孜孜不倦地进行着他的天文观测事业,获得大量的第一手资料和手稿。其间,他的敬业精神和出色业绩博得丹麦国王腓特烈二世的赏识。国王为他专门拨款修建了乌拉尼堡天文台(Uraniborg),并配以最全、最新的观测仪器。这一切使得第谷如鱼得水,取得一系列观测成就。例如,编制第一份完整的天文星表,发现黄赤交角的变化和月球运动中的二均差等。

第谷以惊人的毅力和一双锐眼把天文观测事业推向一个又一个新高度,可以说在望远镜发明之前的天文观测史上,他是巅峰,被人们誉为"星学之王"。尽管如此,由于他不善于理论分析,故没能从积累的大量经验数据中总结出行星运动的规律。第谷既不同意托勒密的"地心说",也不赞成哥白尼的"日心说",而是提出了一种折中的理论:行星绕着太阳旋转,太阳又绕着地球旋转。

第谷作为一名伟大的天文观察家,十分爱才。1596 年,年轻的开普勒写成《宇宙的神秘》一书,设计了一个有趣的、由许多有规则的几何形体构成的宇宙模型。1599 年,第谷看到这本书,十分欣赏作者的智慧和才能,立即写信给开普勒,热情邀请他做自己的助手,还给他寄去了路费。开普勒来到第谷身边以后,师徒俩朝夕相处,形影不离,结成了忘年交。业务上,第谷精心指导;经济上,第谷慷慨相助。第谷由衷希望开普勒这匹千里马早日飞奔。后来,第谷不但把才华出众的开普勒推荐给国王,而且把自己几十年辛勤工作积累下来的观测资料和手稿,全部交给开普勒使用。他语重心长地对开普勒说:"除了火星所给予你的麻烦之外,其他一切麻烦都没有了。火星我也要交托于你,它是够一个人麻烦的。"

开普勒尽管成为第谷的助手和学生,但与第谷不同,十分擅长理论分析、抽象和概括。开普勒后来充分利用第谷已有的观测资料,进行深入分析。他先对火星的数据进行计算,然后推而广之。最终,开普勒提出了行星运动的三大定律。

行星运动三大定律的发现,是第谷精确观察和开普勒深入分析有机结合所获得的成果。如果没有开普勒,第谷辛苦积累的观测材料也许就会成为一堆废纸;反之,如果没有第谷积累的大量观测资料,开普勒也不会得出行星运动三大定律。

（三）　科学现象

　　科学现象是一种客观存在。当自然界发生电闪雷鸣、森林失火、水面结冰等自然现象时，人类祖先就接触到了科学现象；当人类学会了钻木取火、磁石指南、杠杆撬石等技巧后，人类利用并掌握了科学现象；最终，逐步将其约定俗成为"科学现象"。在最近100年科学迅猛发展的过程中，又从实验室里的伟大发现中，验证了很多自然界的科学现象，同时发现了很多物理、化学效应，如放电、热辐射、元素放射性、居里点、感光材料、爆炸等，把"科学现象"进一步提升认识为"科学效应"。有学者认为，科学现象、科学效应其实是一个事物的两种称谓，其中蕴含了科学原理。人们在自然现象和生活中所发现的科学因果现象往往称作"科学现象"，在基础科研中发现和提炼出来的科学因果现象往往称作"科学效应"①。

　　科学发现源于科学现象，但从科学现象到科学发现是需要科学的敏锐性的。一些人甚至大科学家，有时候都会错失一个从科学发现到一个伟大科学发明的机会。爱迪生发现的"爱迪生效应"就是一个典型的例子。

　　爱迪生是举世公认的"发明大王"，一生共有发明2 000多项，拥有专利1 000

---

① 赵敏,张武城,王冠殊. TRIZ 进阶及实战——大道至简的发明方法[M].北京：机械工业出版社,2016：208.

多项。他发明的留声机、电影摄影机、电灯等对世界有极大影响。由于爱迪生一生只注重技术发明，因此很少去关心抽象知识。他的兴趣主要在于把别人一些抽象的发现联系起来，做出实际有用的装置。正因为他只具备发明家的头脑，而不具备科学的抽象意识，所以他一生虽然发明众多，却只取得了唯一的一个纯科学发现"爱迪生效应"。

"爱迪生效应"是爱迪生在改进碳丝灯泡时偶然发现的。1877年，爱迪生发明碳丝灯泡后应用不久，发现其寿命太短，碳丝容易高温蒸发，于是，他一直想改进灯泡。1883年5月13日，他终于想到了一种可行的办法，即在灯泡内另行封装了一根铜线，铜线也许可以阻止碳丝蒸发，延长灯泡寿命。爱迪生做了无数次的试验，碳丝蒸发如故，但他却从这次失败的试验中发现了一个稀奇现象，即碳丝加热后，铜线上竟有微弱的电流通过。这个现象也是偶然间被发现的。原来，在实验过程中，爱迪生无意间将电流表的探头触到了铜线外露的端头，奇怪的事发生了，电流表的指针竟摆动了一个角度。他连续试验了两个星期，情况都是一样。铜线与碳丝并不连接，哪里来的电流？难道电流会在真空中飞渡不成？在当时，这是一件不可思议的事情，敏感的爱迪生肯定这是一项新的发现，不失时机地将它注册了一个当时未找到任何用途的专利，并命名为"爱迪生效应"。由于爱迪生没有意识到这一发现带来的重大科学意义与它的实用价值，便不再去进行深入研究了。倒是英国物理学家和电气工程师弗莱明（John Ambrose Fleming，1849—1945）后来认识到了"爱迪生效应"的重要性[①]。

"爱迪生效应"发现次年的一天，弗莱明远涉重洋来到了美国，拜会了他慕名已久的、也是他的老板的爱迪生，原来，当时的弗莱明也在爱迪生设在伦敦的电光公司担任技术顾问的工作。在会面中，爱迪生向弗莱明展示了"爱迪生效应"实验。

---

① 梁洪亮. 科技史与方法论[M]. 北京：北京邮电大学出版社，2015：162.

弗莱明对"爱迪生效应"非常感兴趣。回国后,他对此进行了深入的研究,但研究了很久,也搞不清楚它的原理。电子被发现之后,人们终于可以对"爱迪生效应"作出科学的解释:灯丝发热时有电子发射出来,它与铜线之间形成了回路。

1896年,弗莱明入职发明电报的意大利发明家马可尼(Guglielmo Marconi, 1874—1937)的电报公司,主要职责是研究改进无线电报接收机中的检波器。电报发出的信号是高频无线电波,收信台必须进行检波才能从听筒中听出声音来。但当时的检波器结构复杂,功效又差,亟待改进。有一天,弗莱明突然想到,如果把"爱迪生效应"应用在检波器上,结果会怎样呢?弗莱明在实验室重新摆弄起爱迪生的"电灯泡"来。他故意把碳丝做得细一些,而把铜丝加粗加宽,变成一块薄铜板。经过深入的研究发现,如果把灯泡的"板极"即金属片接电源正极,则在电场的作用下,灯丝发射出的电子就会流向板极,从而使灯丝和板极之间形成电流回路;如果板极与电源负极相连,灯丝就不发射电子,这样,灯丝与板极之间就没有电流。经过反复试验,弗莱明于1904年研制出一种特殊的"灯泡",这种灯泡和爱迪生那只封装铜丝的灯泡如出一辙,但是爱迪生把它作为改进灯泡的失败品,弗莱明却让它发挥了其实用价值,即它能够充当交流电整流和无线电检波,作为检波器件使用。弗莱明把这种发明称为"热离子阀",并为它申请了专利,这就是世界上第一只电子管,也就是现在人们说的"真空二极管"。人类第一只电子管的诞生,标志着人类从此进入了电子时代。

1906年,美国发明家李·德福雷斯特(Lee de Forest,1873—1961),对真空二极管作出重大改进,发明了真空三极管,从而推动了无线电电子学的蓬勃发展,这也使电子三极管成为各种无线电的最基本的元器件。1947年,被称为"晶体管之父"的肖克利(William Shockley,1910—1989)发明了用硅晶体为材料的晶体三极管,用以代替体积庞大的真空电子三极管,从而被《时代》周刊评为"20世纪最伟大的科学家之一",并因此而获得1956年的诺贝尔物理学奖。1958年,美国科学家杰克·基尔比(Jack Kilby,1923—2005)成功地实现了把电子器件集成在一块半导体材料上的构想，从而制造出世界上第一块集成电路，再一次把这场电子革命推向高潮。基尔比因此而获得 2000 年的诺贝尔物理学奖。

上述的这一切，都源于所谓的"爱迪生效应"。爱迪生虽然脑子很聪明，发明了很多稀奇古怪的东西，但由于知识的偏颇，视野受到了限制，所以，他虽然发现了"爱迪生效应"，却没有深入研究它，更没有好好利用它，他的这一项科学发现实际上成了别人的嫁衣。仅从这一点来说，很是让人扼腕叹息的[①]。

① 黄儒经，吴晓兰.科学发现上的幸运与遗憾[M].北京：东方出版社,2008：126—128.

（四） 科学研究与文献检索

古今中外，凡科学研究之集大成者，一般都非常重视搜集和利用文献资料。中国儒家经典之一《论语》的《八佾》篇中记载着我国古代思想家、教育家孔子的一段话："夏礼，吾能言之，杞不足征也；殷礼，吾能言之，宋不足征也。文献不足故也。足，则吾能征之矣。"孔子论事有据、注重文献的治学精神可见一斑。牛顿说过："如果说我比别人看得略为远些，那是因为我站在巨人肩膀上的缘故。"牛顿所谓的"站在巨人肩膀上"，现在一般都是这样解读的：充分地占有和利用文献资料，从前人研究的"终点"中找出自己研究的"起点"，从而在科学研究工作中取得突破性的成就。

上述孔子和牛顿的言论，充分说明文献资料搜集工作在科学研究过程中的重要作用。搜集文献资料的方法很多，其中文献信息检索方法是最主要的方法，它同时也是扩大资料来源的重要途径。文献信息检索对科学研究的功能主要体现在以下几方面：

第一，文献信息检索有助于科学研究者的成长。一般来说，科学研究者，尤其是科学研究新手（如研究生）需要具备三方面的基础，即历史、方法和视野，而这些都是要"站在巨人肩膀上"才可以获得的。一个人在开始从事科学研究时，首先要了解学术史和学科领域的历史，知道在这个领域前人做过什么，自己应该研究什么。同时,他们也可从文献信息检索实践中,了解前贤所使用的研究方法,这样自己在从事学术研究时,才会有宽阔而创新的视野,即创新需要熟悉和尊重学科的传统。例如,国内某单位可关断可控硅(GTO)科研取得了一定的成果,但存在使用时容易烧毁晶体闸流管的问题,他们不会查找国外有关文献资料,还以为是国外保密,实验长期在烧管换管中徘徊,后来与有经验的文献检索人员一起查找,找到一批对口文献。从这些文献中很受启发,总结经验,修改后再实验则不再烧管子了。经过不断改进完善,有关指标达到国际先进水平,获得市级一等科技成果奖。科学某门具体学科研究的方法从根本上说是同学科发展的历史、同学科的传统联系在一起的,脱离了学科的传统是无所谓方法的。中国生物学家、实验胚胎学家童第周曾经说过,研究学问要从了解学科史、整理史料入手。因此,谈论学科方法离不开对学科发展史的研究,而这些又离不开文献信息检索实践。

第二,文献信息检索可避免重复研究与重复报道。在现代通信条件和网络环境下,学术界存在的问题一般已为大多数科学研究者所共知,因而类似课题的探索会有相当多的学者同时在进行。谁能最先取得研究成果或发表研究论文,谁就是成功者;谁迟来一步,就会成为无效劳动的落伍者。科学研究的选题、立项,必须通过文献信息检索(即查新、预查新)来掌握国内外同类研究的动态、进展。通过文献信息检索,可获得大量同类研究的相关报道,并从中吸收有益的启示或参考数据,从而有助于缩短科研周期,或得到更多、更有价值的论证依据,而这种根据不仅表现在作为研究成果的学术论文的引文里,而且也表现在学术论文的注释和参考文献中。如国外的一位科技人员,搞了一项利用计算机控制汽化器的装置,即用传感器监控内燃机速度、进气压、温度,由一数字运算器对传感器信号进行处理,达到自动控制进气的目的。但申请专利时未批准,因为日本日立公司已掌握这种技术,并已在美国申请专利得到批准,而且这项已取得专利的电子控制汽化器,精确度和效率都比他搞的装置高。

第三,文献信息检索有助于科学研究和科学论文质量的提高。评价科研成果和科学论文价值的依据,一是内容质量是否胜人一筹,二是发表时间是否先人一步,三是同类课题是否有高人一筹之处。这些问题只有通过对大量文献信息的比较、分析才能做出评价。而要获得大量对比资料,则需要通过文献信息检索才能获得。一般说来,研究的初期,可通过查阅文献调查立项依据、立项意义、其他人的工作基础;项目中期,可通过查阅文献设计研究方案、路线,解决研究中出现的问题;项目后期,可通过查阅文献扩展研究思路、开阔视野、产生新的学术思想。总之,要提高科学研究的质量,离不开文献信息检索的支持。影响文献信息检索质量的因素主要包括:检索设备是否具备,检索人员的素质是否胜任,科研人员的信息意识如何以及是否善于提出检索提问。这三个因素具有密切的关联性,任何薄弱环节都会影响文献信息检索质量;而检索质量差,将不可避免地造成人力、财力、物力和时间的浪费。

当今时代,科学研究不再像牛顿、达尔文(Charles Robert Darwin, 1809—1882)那样以一部巨著的形式发表出来,而是在重要的纸质学术期刊或 OA 形式的在线期刊上以研究论文的形式阐述出自己的各种主张。在科学研究中,文献是研究工作的起点,又是研究工作的终结,其作用贯穿于科学研究的全过程。文献信息检索与作为现代科学研究工作的程序之一的学术论文写作之关系又是相辅相成的——文献信息检索(沉浸在文献中)的最终目的之一是撰写学术论文,论文的写作与发表过程有助于作者在文献中找到自己所需的东西;而且当今学术论文"正是从事科学研究的新手们所热望的东西,同时也是他们被训练的目的"。文献检索之于科学研究的价值,可见一斑。

（五） 科学预言

一位伟人曾说过："神奇的预言是神话，科学的预言却是事实。"在科学史上，确实有许多科学理论和科学发现都是基于科学的预言，哈雷彗星的预言与发现便是典型的例子。

彗星俗称扫帚星。"彗"就是扫帚的意思，顾名思义，彗星即可以显现扫帚形态尾巴的天体。由于这种星体拖着长长的尾巴，神出鬼没，异常神秘，几千年来，人们都把它的出现视作不祥之兆。哈雷彗星是每76.1年环绕太阳一周的周期彗星，是唯一能用裸眼直接从地球看见的短周期彗星，因英国天文学家、地理学家、数学家、气象学家和物理学家哈雷（Edmond Halley，1656—1742）首先测定其轨道数据并成功预言回归时间而得名。

哈雷曾任牛津大学几何学教授、第二任格林尼治天文台台长。1680年，哈雷与巴黎天文台第一任台长 G. D. 卡西尼（Giovanni Domenico Cassini，1625—1712)合作，并在当年观测到了这样一个神秘的天体。他没有被关于它的传说吓倒，反而从此对它发生兴趣。1684年，哈雷初访正在剑桥的牛顿。当时，牛顿已经把万有引力定律应用于行星和月球的运动，并且取得了完全的成功。可是，这种神秘天体在天空中如何运动却依然是个谜，它们似乎出没无常，这一直使天文学家们困惑不已。在牛顿的帮助下，哈雷编撰了大量彗星的观测记录，并全力以赴地投身于计算彗星运行的轨道。

　　哈雷把1337年以来300多年间有关这颗彗星的记载全部找了出来，逐一分析，整理出一张表来，利用微积分方法反复进行计算。这个过程并不容易，哈雷在一堆一堆表格中度过了一个个不眠之夜，那颗神秘的彗星仍然扑朔迷离，没有对他发出想象中的微笑。一年又一年过去了，哈雷一直埋头在对这颗彗星的研究之中。

　　终于有了一个端倪——哈雷发现：1682年出现的一颗彗星的轨道，与1531年和1607年出现的另两颗彗星轨道极为相似。难道它们是同一颗彗星？哈雷为这个大胆的想法激动不已，愈加勤奋地进行演算。哈雷很快得出了一个惊世骇俗的结论：这3次出现的彗星，并不是3颗不同的彗星，而是同一颗彗星3次出现。哈雷以此为据，于1705年在发表的《彗星天文学论说》中大胆预言：1682年曾引起世人极大恐慌的大彗星将于1758年再次出现于天空（后来他估计到木星可能影响到它的运动时，把回归的日期推迟到1759年）。当时哈雷已年过五十，知道在有生之年无缘再见到这颗大彗星了。于是他在书中写道："如果彗星最终根据我们的预言，大约在1758年再现的时候，公正的后代将不会忘记这首先是由一个英国人发现的……"

　　并没有哈雷想象的那样一帆风顺，教会势力反对哈雷的学说，认为他是在造谣，纯属胡扯，因为那颗神秘的彗星是上帝对人间的一种特别昭示。教会甚至像对其他一些揭示了真理的天文学家们一样，对哈雷施加迫害。但哈雷坚持自己的学说，从不屈服。一些人对哈雷的预言将信将疑，但相信哈雷预言的也大有人在。法国天文学家梅西耶（Charles Messier，1730—1817），因为这个预言，他几乎整年都在用望远镜观天，期待成为目睹这个彗星回归的第一人；法国数学家克莱罗（Alexis Claude Clairaut，1713—1765）在法国天文学家拉朗德（Jérôme Lalande，1732—1807）、妮可-雷讷·勒波特（Nicole-Reine Lepaute，1723—1788）的帮助下，于彗星回归前做了精确的预报：由于木星和土星的影响，彗星将在1759年4月13

日前后一个月过近日点。不过,要真正证实哈雷预言的正确性,还要等到预测的彗星再现的那个时间来临——1758 年①。

所有的人都在拭目以待,只有时间能证明一切。哈雷更是焦急万分,他真希望时间能过得快一些,能马上飞跃到 1758 年。但不幸的是,哈雷没有等到那一天,1742 年,在苦苦的等待中,哈雷因病离开了人间。时光匆匆,16 个年头一闪即逝,1758 年悄然降临。但 1758 年,世界上所有的天文学家和天文爱好者们几乎苦苦等待了一年,却没有见到预计的那颗彗星的踪影。教会势力趁机借题发挥,开始群起攻击哈雷预言荒谬透顶。甚至有些哈雷预言的坚决拥护者,也开始动摇,开始怀疑哈雷学说的正确性。就在这一年快要结束的 12 月 25 日圣诞节晚上,一位目力敏锐的业余天文爱好者、德国德雷斯顿附近的农民帕利奇(Johann Georg Palitzsch,1723—1788)用一架焦距约 2.4 米的望远镜,首先看到了这颗彗星。1759 年 1 月 21 日,在 1758 年初就动手观测的梅西叶也观测到了这颗彗星。尽管第一个证实彗星回归者的殊荣没有落到梅西叶的头上,但他并不灰心,而是开始有系统地寻找彗星,年复一年,日复一日地在凌晨和黄昏后进行观测,最终一生中共发现了 12 颗彗星,经他观测过的彗星达 46 颗。一次,法国国王路易十五开玩笑地说他是"彗星的侦探",这虽然是一句戏言,但却是对梅西叶一生寻找彗星工作的最高褒奖。

1759 年 3 月 14 日,哈雷彗星过近日点,正是克莱罗预告的一个月前。此时,哈雷已长眠地下十几年了。科学家的生命是有限的,但他们对科学的贡献却永世长存。正像哈雷当年所希望的那样,大家没有忘记哈雷,将这颗彗星命名为"哈雷彗星"。

对哈雷彗星的观测和研究不仅证实了周期彗星的存在,也大大促进了彗星天文学的发展。此外,哈雷彗星还像巡回大使一样周期性地检阅太阳系各大行星并

---

① 蓝辰.大人物的小故事[M].北京:中国工人出版社,2003:199—200.

经历各种各样的环境,带回丰富的信息,因此,它的每次回归都引起天文学家的极大兴趣。

哈雷彗星每 76 年回归一次,绝大部分时间深居在太阳系的边陲地区,即使用现代最大的望远镜也难以搜寻到它的身影。地球上的人们只有在它回归时有三四个月的时间能够见到它。因此,一般人很少能两次看到哈雷彗星。只有一些"老寿星"才有这种机会,第一次看到它是在咿呀学语的幼年,而第二次看到它就到了步履蹒跚的晚年了。

（六） 科学的"试错"

英国科学哲学家波普尔（Karl Popper，1902—1994）指出，科学最根本的性质就是猜想与反驳，最根本的方法就是"试错法"，即尝试与清除错误的方法。科学的试错法要取得应有的成果就必须做到既大胆地尝试，又足够严格地检验。中国当代天文学家王绶琯（1923—　）院士认为，现代科学是一个艰辛的"试错"过程；面对深层次认知与创造的挑战，科学精神的修养实质上就是"知错-改错"。中国大陆第一个自然科学领域诺贝尔奖获得者屠呦呦的青蒿素药物研究，就是一个典型的科学"试错"过程。

屠呦呦1930年12月30日生于浙江宁波，现为中国中医科学院（原中国中医研究院）终身研究员兼首席研究员，青蒿素研究开发中心主任，是青蒿素研发成果的代表性人物。"呦呦鹿鸣，食野之蒿"，《诗经》中的名句，是屠呦呦名字的出处，而鹿儿所食的那株野草，就是青蒿。这是冥冥之中的安排，她的人生注定要与青蒿联系在一起。

青蒿素，这个被誉为治疗疟疾的"中国神药"，出自我国于1967年5月23日启动的"疟疾防治药物研究工作协作"项目，代号为"523"。该项目的科研团队，包括7个省市、60多家科研机构、超过500名科研人员，屠呦呦就是其中一员，并被任命为该项目中医研究院科研组长，主要从中医角度开展实验研究。要在设施简陋和信息渠道不畅等艰苦条件下,短时间内对几千种中草药进行筛选,其难度无异于大海捞针。但这些看似难以逾越的阻碍反而激发了她的斗志。通过翻阅历代本草医籍、四处走访老中医,甚至连群众来信都没放过,屠呦呦终于在2 000多种方药中整理出一张含有640多种草药、包括青蒿在内的《抗疟单验方集》。可在最初的动物实验中,青蒿的效果并不出彩,屠呦呦的寻找曾一度陷入僵局。她再一次转向中国经典医籍,其中葛洪《肘后备急方》中的"青蒿一握,以水二升渍,绞取汁,尽服之"这句话惊醒她这位追梦之人,即意识到问题可能出在常用的"水煎"法上,因为高温会破坏青蒿中的有效成分,她随即另辟蹊径采用低沸点溶剂进行实验。

方案确定后,新一轮"筛选"工作正式拉开帷幕。然而,等待屠呦呦和组员们的却是一次次失败。首先是水和醇这两种常用的溶剂物,不论怎样调配比例,提取到的成分都不够理想。经历几个不眠之夜后,课题组终于在乙醚这里发现了新的希望:青蒿乙醚中性提取物能抑制疟原虫。这一发现如同一剂强心针,猛然激起课题组每个人的奋斗热情。屠呦呦甚至直接把研究室当成自己的家。1971年10月初,课题小组整整经历了190次失败后,最终在第191次低沸点实验中发现了抗疟效果为100%的青蒿提取物。

191号样品的成功,让整个中药所"523"课题组沉浸在喜悦之中。但是,工作并未结束,样品不是药品,接下来的工作就是确定样品中的有效成分、进行提纯,并展开临床毒性试验。这一阶段的研究会用到大量的青蒿乙醚中性提取物,由于当时"文化大革命"还未结束,根本找不到合适的药厂配合课题组的工作。也就是说,研究过程中所需的大量青蒿乙醚中性提取物需要屠呦呦他们自行制备。另外,提取青蒿有效成分的溶剂乙醚具有一定的毒性,如果控制不好,没有做好保护措施,长期吸入乙醚会导致人体伤害。那时的中药所实验室的设备还相当简陋,没有通风设备,唯一拿得出手的防护设备不过是简单到极致的纱布口罩。然而,为了争取时间,屠呦呦已经顾不了这么多了,她直接在实验室里放下7口装有乙醚的大水缸,用来浸泡青蒿。结果,包括屠呦呦在内的"523"课题组3名重要成员均因长期吸入高浓度乙醚而身患重病。面对北京所产青蒿所含青蒿素极低、实验室设备简陋等困难,课题组通过不懈的努力,终于成功制备出实验所需的青蒿乙醚中性提取物。有了足够的提取物,就可以进行临床前毒性试验了。为了加快研究速度,屠呦呦提出临床前毒性试验和找到有效抗疟单体结晶共同进行。一开始,毒性试验进行得很顺利,大家甚至开始准备进行临床试验了。可是问题出现了。191号青蒿乙醚中性提取物疑似对个别动物具有毒副作用。又经过几次动物实验,这一现象仍然存在。问题到底出自提取物,还是动物?实验室各方发生激烈争论。课题小组以中药古籍中的记载为据,认为青蒿的毒素并不强,不需要因为个别动物出现毒副作用就停止临床试验。毒理、药理一派则坚持认为应该在确认没有毒性威胁的情况下进行临床试验。临近1972年7月,一年一度的临床观察季节即将开始。屠呦呦不想错过这次机会,就向领导提交了申请,她要亲自试药!就这样,中药所"523"课题组兵分两路,展开了对191号青蒿乙醚中性提取物的终极决战。屠呦呦带领两名志愿者亲身试药;钟裕荣、倪慕云、崔淑云继续提取青蒿乙醚中性提取物,进行单体抗疟成分的分离。1972年7月的某一天,屠呦呦和两名志愿者来到北京东直门医院,成为试药"小白鼠"。令人兴奋的是,经过一周试药观察,191号青蒿乙醚中性提取物并未对人体产生明显毒副作用。为确保不会对临床试验产生不利后果,中药所又进行了大剂量试药。结果显示,191号青蒿乙醚中性提取物对人体无不良作用。得到这样的结果,屠呦呦又立即准备好充足的样本赶到海南疫区,进行临床试验。最终,在1972年8—10月,屠呦呦总共完成了21例临床观察任务,包括1例混合疟,9例恶性疟,11例间日疟,结果取得了巨大的成功,191号青蒿乙醚中性提取物对间日疟、恶性疟、混合疟均有明显疗效①。

这些成就并未让屠呦呦止步。1992年,针对青蒿素成本高、对疟疾难以根治

---

① 项星.你的名字叫青蒿——屠呦呦的故事[M].武汉:武汉大学出版社,2016:46—50.

等缺点,她又发明出双氢青蒿素这一抗疟疗效为前者10倍的"升级版"。

屠呦呦等能发现青蒿素,确实带有某种偶然性;但很显然,这种偶然之中又有着一种必然——这个"必然"就是艰苦的试验、千百次的试错。如果真要问上天何以格外垂青屠呦呦,则是因她展现出一种脚踏实地、老老实实的科研作风。其实,纵观科学上的很多伟大发明,均是在成千上万次的"试错"后"偶然"发现的,正所谓"梅花香自苦寒来"。

四、 科学的非理性

奥地利裔美籍科学哲学家费耶阿本德（Paul Feyerabend，1924—1994）认为："科学本身远比任何方法论所设想的都要更无条理、更非理性。要想获得进步和知识，就不可能排除非理性的作用。"尽管费氏这一说法有些反传统，但科学发展的历史确实证明了非理性因素（如假说、猜测、直觉、灵感）在科学发现中起着重要的作用，仅仅从逻辑认识的角度是无法充分说明科学认识过程的。

（一） 科学猜测与假说

科学猜测是人们根据已知的事实材料与科学知识,对未知的事实及其规律性作出的一种猜测性的推断。它与科学假说既有联系又有区别。科学假说是有关自然现象及其规律性的一种不完备的、其结论尚待验证的学说,是科学猜测中较为成熟的部分;而科学假说以外的大多数科学猜测,还没有形成一种学说,有的只是对未知事实本身或规律性的猜想。因此,科学猜测是科学处于潜科学发展阶段上而比科学假说包括范围更广的一种表现形态[①]。在科学领域,判断一种猜测的科学与否关键在于实验。李政道和杨振宁提出的弱相互作用宇称不守恒定律就是一典型的例子。

1956 年 4、5 月间,李政道和杨振宁直觉地猜测到:宇称守恒定律不适用于弱相互作用。1956 年 10 月,物理学权威杂志《物理评论快报》（*Physical Review Letters*）以《弱相互作用中的宇称守恒问题》为题,公开了这个假说。此后,最先提出宇称概念的物理学家之一维格纳（Eugene Paul Wigner, 1902—1995）也赞同他们的观点。但是也有一些物理学家持反对观点,更多的则是半信半疑。苏联著名物理学家、1962 年诺贝尔物理学奖的唯一得主朗道（Lev Davidovich Landau,

---

① 解恩泽.潜科学与哲学[M].长春:东北师范大学出版社,1995:48.

1908—1968)在1956年10月于苏联召开的一次会议上,强烈地反对他们的观点。奥地利物理学家泡利(Wolfgang E. Pauli, 1900—1958)在1957年1月17日致魏斯科普夫(Victor Frederick Weisskopf, 1908—2002)的信中说:"我不相信上帝竟然是一个无能的左撇子。我敢出大钱打赌,实验将会给出对称的电子角分布。我看不出相互作用的强度与它的镜像不变性有任何逻辑上的联系。"

为了证实这一科学假说,杨振宁和李政道提出了一系列实验方案。由于当时那些可能的实验都是十分困难的,而且实验物理学家们也对是否值得做此类实验心存疑虑。就在大多数实验物理学家们犹豫不决,不愿做检验弱相互作用中宇称究竟是否守恒的实验时,李政道想到了自己的同事——在β衰变实验方面有不俗表现,即曾经成功地验证过费米β理论的华裔女物理学家吴健雄博士(1912—1997)。

1956年早春的一天,李政道从自己在浦品(Pupin)实验大楼8楼的办公室到13楼吴健雄的办公室去找她。他向吴健雄详细地介绍了他和杨振宁提出的弱相互作用中的宇称可能不守恒的理论。吴健雄立即对这一问题产生了极大的兴趣,并以她特有的物理学家的洞察力看出这实验的重要性。她意识到,对于一位研究β衰变的原子核物理学家来说,这是一个不容错过的重要实验的黄金机会,于是欣然答应李政道、杨振宁的实验验证请求。

吴健雄原本计划与丈夫袁家骝博士一起赴日内瓦参加高能物理国际会议,然后到远东去作一次讲学旅游,但为了这次前人未曾涉足的实验,她毅然放弃此行。实验难度之高、精确条件要求之严苛远出乎吴健雄的设想,为此,她只好到华盛顿的国家标准局实施她的实验。吴健雄与标准局的四位物理学家安布勒(Ernest Ambler, 1923—2017)、海沃德(Raymond Webster Hayward, 1921—   )、霍普斯(Dale Dubois Hoppes, 1928—   )、赫德森(Ralph P. Hudson, 1924—   )一起进入极其紧张的现场操作。为了不错过仪器仪表的任何一个细微变化,吴健雄每天只吃两个三明治,喝几杯咖啡,寸步不离实验室。远在纽约的李政道和杨振宁时刻惦念着实验的进程。"对于你们的假设,我抱同样的信心!"吴健雄在电话这头不断重复着这句话。不知克服了多少困难,经受住了多少挫折,1956 年 12 月 2 日,吴健雄终于得出了第一次实验结果:β 射线的不对称现象非常明显。1957 年 1 月 9 日凌晨,吴健雄最终结束实验,并验证了宇称守恒定律在弱相互作用下不成立。接着,1988年诺贝尔物理学奖得主莱德曼(Leon Max Lederman,1922—2018)实验小组又宣布,按照李政道、杨振宁的建议,他们做的实验,结果正如李、杨所预料的那样:宇称不守恒。之后,泰莱格迪(Valentine Telegdi,1922—2006)和弗里德曼(Jerome Isaac Friedman,1930—　)小组也宣布他们的实验结果,结论同样证实了李政道、杨振宁的假说。

1957 年 1 月 15 日,哥伦比亚大学为这项新发现举行一个史无前例的记者招待会,和这次发现有关的哥大科学家,包括吴健雄、李政道、莱德曼、加文(Richard Garwin,1928—　)等人都出席了。会上宣布:"宇称守恒定律"这个物理学的基本定律在弱相互作用中予以推翻!第二天的《纽约时报》,以头版刊出新闻,报道这件科学大事,他们用的标题是"物理学的基本观念宣称已经由实验而推翻"。1957 年 1 月 30 日开始,美国物理学会在纽约"纽约佬"旅馆举行年会。2 月 2 日(星期六)下午,大会举行了关于宇称不守恒的专题讨论会。由于这个讨论的消息传得很快,会场爆满。时任美国物理学会秘书长的达罗(Karl Kelchner Darrow,1891—1982)在后来描述当时的情景说:"我们通常不使用的那个会议厅挤满了人,致使有人不得不爬上吊灯。"会上有六人发言。实验方面的是吴健雄、莱德曼和泰莱格迪等;理论方面的是杨振宁。按原定的时间表,在他们的报告之前,先在这个大厅里进行天体物理的专题会议,其中一个发言者利昂娜·伍兹(Leona Woods,1919—1986)后来抱怨说,听众只对宇称问题有兴趣,没有人听她发言。许多与会的物理学家认为,参加这个会议有一种亲睹科学历史转折点的感觉。

1957 年 10 月的一天,著名美籍犹太裔物理学家、曼哈顿计划的领导者、时任普林斯顿高等研究院院长的奥本海默(Julius Robert Oppenheimer,1904—1967)

给正在纽约州北部一所大学讲课的吴健雄打去电话，告诉她杨振宁和李政道获得了今年的诺贝尔物理学奖。后来还特别为杨振宁、李政道和吴健雄举行了庆祝晚宴。显然，在奥本海默看来，吴健雄与杨振宁、李政道在宇称不守恒问题上的贡献是一样大的。

李政道和杨振宁"宇称不守恒"这个大胆而革命性的质疑，虽然是科学上富有独创意义的猜测，但它的伟大价值却有赖于吴健雄等科学家的实验验证。吴健雄这位实验物理学家的工作，使得20世纪的物理学进展，发生了革命性的重大改变，也使得李政道和杨振宁，以革命性的深邃理论成就，得到了在世界科学上拥有至高地位的诺贝尔物理学奖。然而，那一年瑞典皇家科学院的诺贝尔委员会，没有把诺贝尔奖颁给吴健雄。许多大科学家都公开表示了他们的意外和不满："这是诺贝尔委员会最大的失误。宇称不守恒的构想虽然是杨、李提出的，但是却是吴健雄做实验发现的。"

（二） 科学中的"运气"

"有意栽花花不开，无心插柳柳成荫。"这种意外的情况不仅在人们的生产生活中经常碰到，在科学研究中也不乏其例。一般来说，科学家对实验过程中预期会出现的现象有着清楚的理论假说和明白的指导思想。但有时候，他们进行观察和实验，本来是为了发现某事实结果，却意外地出现某种非预期的偶然现象，并产生某种迷惑不解的结果。这种偶然现象和结果有时候可以纳入科学的发展轨道，获得意外的科学发现，这就是科学观察与实验中的"机遇"。这种机遇，按照意外程度的不同，可分为完全意外的机遇和部分意外的机遇这两种类型①。人类历史上许多著名的备受世人欢迎的科学发现或发明，有很多是这种"运气"的偶然产物。

阿基米德洗澡发现了浮力定律。公元前 200 多年，科学家阿基米德受命鉴别金匠为叙拉古国王希伦二世所做的一顶金冠中是否掺假。为了不损坏这顶制作得玲珑剔透的金冠，不能将它打开来检查。阿基米德昼思夜想，也没有想出办法。一天，他在盛满水的浴盆洗澡，突然，他觉得身体轻飘飘的，好像有一只无形的手将他往上托，水也哗哗地从浴盆溢了出去。他立即站了起来，浴盆内的水位又降

---

① 肖显静.科学经验方法[M].北京：科学出版社，2002：85—86.

下去了;他又蹲入浴盆中,水位又升到盆沿。如此反复几次都是如此。这时,他猛然与朝思暮想的金冠问题联系起来,突然心头一亮,于是跳出澡盆,一丝不挂地跑上大街,边跑边叫:"尤里卡! 尤里卡!"("知道了! 知道了!")原来,他在洗澡时偶然看到水的升降和身体感到往上浮的事实中受到启发,终于找到识别真假金冠的方法。他跑到王府,找来一块和金冠等重的金块,为国王做了一个实验。他把金冠和金块分别放进两个同样盛满水的罐子,并各用一个器皿接承从罐子溢出的水,最后把溢出的水分别称量,发现其重量不是一样多。这时阿基米德对国王说:"陛下,金冠和金块一样重,如果金冠是纯金的,那两者的体积应一样大,放进水罐里时,溢出的水应一样多,但现在并不一样多,说明金冠内掺了假。"阿基米德用这种巧妙的方法,没有损坏金冠就鉴别出它的真假,所用的方法就是测量体积的替代法。阿基米德由鉴别金冠真假一事继续进行研究,终于发现了力学中浮力(第一)定律——阿基米德定律。阿基米德大叫"尤里卡! 尤里卡!"的故事广为流传,以致当代最著名的博览会、美国最大的航天计划都以"尤里卡"命名①。

安全烈性炸药,即胶状炸药是瑞典化学家诺贝尔(Alfred Bernhard Nobel, 1833—1896)进行观察实验的意外猎物。1867 年,他在进行普通火药的物理化学性能研究时,不小心割破了手指,他在伤口上涂上棉胶止血,无意中把剩余的棉胶丢进硝化甘油中去了。万万没有想到,这小小的不幸却给他带来了巨大的成功! 他看到丢掉的棉胶和硝化甘油起了反应,受其启发,他进一步研究发明了安全烈性炸药,即胶状炸药。为了研究炸药,诺贝尔终身未娶,一生共获得发明专利 355项,成为举世闻名的大富翁。由于诺贝尔在科学上的杰出贡献,他不仅被选为瑞典皇家学会和英国皇家学会会员,还曾获得由瑞典国王动议并颁发的科学勋章。1895 年,诺贝尔立下遗嘱,把他的财产部分赠予亲友,而把其中的 920 万美元专门拿出来作为一项独特的基金,由瑞典皇家学会存入银行,其利息作为奖金,每年颁

---

① 陈仁政.科学机遇故事(第 2 版)[M].北京:北京出版社,2004:130—131.

发给世界上对物理学、化学、生理学或医学、文学以及和平事业有突出贡献的人。这就是今天影响巨大的一年一度在瑞典首都颁发的世界科学的最高奖——诺贝尔奖的由来。

无独有偶,在诺贝尔之前,德国化学家舍恩拜(Christian Friedrich Schönbein,1799—1868)也是由于一次完全意外的机遇,发明了另一种烈性炸药硝化纤维素,即无烟火药。1828 年,舍恩拜开始任职于瑞士巴塞尔大学。1891 年,瑞士一个小镇发生两名歹徒与警察持枪对峙事件,暴徒扣压了人质。为了尽快制服暴徒,他们找来两名神枪手,拿着大口径的黑火药枪,准备将两名歹徒击毙。谈判破裂后,现场指挥组决定,立即击毙暴徒。但由于黑火药枪产生的黑烟,挡住了一名神枪手的视线,致使正在谈判的警察被歹徒杀害。作为化学家的舍恩拜得知黑火药枪的黑烟挡住了神枪手的视线而无法连续击发,导致警察死亡的事情后,他便开始思考,能不能制造出一种不发烟的火药呢? 这个发明,开始在他的心里萌芽,随后不久,他便开始正式研究无烟火药。可他的研究并不顺利,他翻阅了无数资料,配对了无数化学物质,但在燃烧后都没有达到无烟的效果,而且发生了很多危险,无烟火药的研究艰难地向前推进着。1845 年的一天,舍恩拜做试验时不小心把盛满硝酸和硫酸的混合液瓶碰倒了。溶液流在桌上,舍恩拜急忙找抹布擦桌子,由于太着急,一时没找到抹布。这时,他看见了妻子的一条棉布围裙放在那里,他立即跑过去,伸手拿起围裙抹桌子。围裙浸了溶液,变得湿淋淋的,妻子马上就要回家了,如果晚饭时,她看到自己的围裙湿了,一定会非常不高兴。舍恩拜只好拿着裙子,到厨房里想把围裙烘干。可没料到,就在它撑起围裙靠近火炉时,只听得"扑"的一声,围裙瞬间从手里消失,被烧得干干净净,没有一点烟,也没有一点灰,他大吃一惊。事后,他仔细回忆了经过,顿时异常高兴。他意识到自己已经合成了可以用来做火药的新化合物。他欣喜若狂,立即返回实验室,凭着记忆,还原刚才的一幕,把硝酸和硫酸混合,然后倒在抹布上,然后放在火上,顿时,"扑"的一声,抹布瞬间消失,此后,他多次重复了实验,肯定了结果无误。无烟炸药就此诞生,舍恩拜将其命名为"火棉"，后人称之为硝化纤维素。就这样，一条围裙引出了世界上第一种无烟炸药的问世[①]。

其实，上述几位科学幸运儿如果没有敏锐的眼光和相关知识储备，再多的"运气"摆在他们面前，也会视而不见，正如法国化学家、巴氏灭菌的发明者巴斯德（Louis Pasteur，1822—1895）所言："就观察事物而言，机遇只青睐有准备的头脑。"因为有准备的头脑，意味着在寻求问题的解决方案时须有的放矢，会对所有可能与之相关的迹象都格外敏感，并能认识且诠释所看到和听到的线索，关注预料之中的事物，同时对预料之外的事物保持警觉和敏感。

---

① 一条围裙引来发明：无烟火药［EB］.［2017 - 05 - 26］. http://men. sohu. com/20130531/ n377518626. shtml.

（三） 科学的直觉与灵感

直觉是人们根据已有知识进行快速的搜索，它是思维过程中的逻辑跳跃，表现为对事物本质的直接接近，使人有可能将经过长期的认识、实践活动所积累起来的奇特的创造性，在一瞬间就能直接洞察和领悟客体事物及本质，并且能获得创造性的成果，使问题得到解决。

灵感与直觉相似，又称为顿悟，是人们在从事科学研究和文学创作活动中，因思想高度集中而突然表现出来的一种精神现象，是创造者进行创造性思维过程中的高潮阶段，质变飞跃阶段，会"突然发现""突然找到""突然闪现"某种新思想、新念头、新主意、新办法等。

在科学研究中，除了实验观察和逻辑推理外，直觉、灵感等没有逻辑规律的非理性因素也非常重要。德国化学家凯库勒（August Kekulé，1829—1896）发现苯分子环状结构的故事，就是一个典型的例子。

1864年冬，在比利时根特大学任教的凯库勒正在研究苯分子的结构问题，但是进展缓慢，几乎陷入了困境。凯库勒测量出一个苯分子由6个H（氢）原子和6个C（碳）原子构成，C原子是-4价，H原子是+1价，也就是说，一个C原子应该与4个H原子结合，所以，6个C原子应该与24个H原子结合。6个H原子怎么与6个C原子结合？凯库勒百思不得其解。

一天晚上,凯库勒在书房火炉边思考苯分子的结构问题,不知不觉就进入了梦乡。在梦中,凯库勒看到 C 原子连成长链,像蛇一样盘绕蜷曲,突然一条蛇咬住了自己的尾巴,并不停地旋转起来。凯库勒像触电一般惊醒,联想到苯分子的结构,提出了苯环结构的假说。后来,凯库勒在 1890 年的演讲中,描绘了当时的情形:

> 我坐下来写我的教科书,但工作没有进展,我的思想开小差了。我把椅子转向炉火,打起了瞌睡。原子又在我眼前跳跃起来,这时较小的基团谦逊地退到后面。我的思想因这类幻觉的不断出现变得更加敏锐了,现在能分辨出多种形状的大结构,也能分辨出有时紧密地靠近在一起的长行分子,它们盘绕、旋转,像蛇一样运动着。看,有一条蛇咬住了自己的尾巴,这个形状虚幻地在我的眼前旋转着。像是电光一闪,我醒了……我花了这一夜的剩余时间,作出了这个假想。

> 我们应该会做梦!……那么,我们就可以发现真理,但不要在清醒的理智检验之前,就宣布我们的梦。[①]

类似的情形还有俄国化学家门捷列夫的元素周期表的发现。一天清晨,门捷列夫经过一个夜晚的研究后,疲倦地躺在书房的沙发上,他预感 15 年来一直萦绕心头的问题即将迎刃而解,因此,这几个星期以来他格外地努力。15 年来,从他学生时代开始就一直对"元素"与"元素"之间可能存在的种种关联感兴趣,并且利用一切时间对化学元素进行研究。最近他感觉自己的研究大有进展,应该很快就能把元素间的关联和规律串在一起了。由于过度疲劳,门捷列夫在不知不觉中睡着了。睡梦中,他突然清晰地看见元素排列成周期表浮现在他的眼前,他又惊又喜,

---

① 刘永谋. 最受读者喜爱的哲学故事[M]. 北京:光明日报出版社,2012:109—110.

随即清醒过来,顺手记下梦中的元素周期表。

不过,光凭做梦这样的非理性因素是不可能有科学上的新发现的。凯库勒如果不是白天苦苦思索苯分子的问题,恐怕是不会梦到苯分子的。就算梦到苯分子环,如果不能用逻辑推理进行证明和检验,凯库勒也提不出新的理论。门捷列夫也说:"在做那个梦以前,我一直盯着目标,不断努力、不断研究,梦中的景象只不过是我15年努力的结果。"

科学史上,直觉、灵感带来科学发现的例子不胜枚举,像达尔文、笛卡儿、高斯等,都有产生灵感的经历。有人统计,在睡梦中受到启发的科学家占科学家总数的60%～70%。爱迪生说过:"天才,就是百分之九十九的汗水,加上百分之一的灵感。"爱因斯坦也说过:"我相信直觉和灵感。"科学研究活动中确实存在灵感的现象,当然,这些灵感也是在汗水的基础上才能产生的,正如中国著名学者王国维在《人间词话》中所描述的第三层境界:"众里寻他千百度,蓦然回首,那人却在,灯火阑珊处。"

那么,如何才能产生灵感呢?譬如,对某个考虑的问题久攻不下,卡壳了,此时前人的方法几乎都反复考虑了,只有跨出新的一步才有可能解决问题。这时就需要研究人员充分调动大脑中存储的知识、信息,发挥自己的聪明才智去思考,把各种相关知识提取出来,去和既定目标相联系,从各种不同的角度向关键问题发动进攻。只要将各种可能的方法都考虑到了,那么攻克堡垒的时刻也就为期不远了。灵感思维并非是不可控制的"天启"和"神赐",只要掌握了它的规律,就能有意识地或者说积极主动地利用它。当在某一关键问题上经过长期思考仍不能解决时,可以暂时把问题放一下,或干脆去做不费脑力的轻松活动,如散步、淋浴、听音乐、打球、娱乐或与人交谈等活动。可能就在这些活动中,潜意识与意识突然产生了沟通,灵感出现了,问题也就迎刃而解了。

直觉和灵感思维在科学认识和科学研究过程中,日益彰显其重要的作用。直觉和灵感思维的产生有着深刻的自组织机理。但是不管怎样,直觉和灵感思维不是靠碰运气,而是科学研究者勤奋学习、长期知识积累、艰苦探索的结果。尽管直觉在科学研究中的作用是巨大的,但并非所有的科学创新都是由直觉产生的,也不是所有的直觉都能引起真正的创新①。

---

① 戴起勋,袁志钟.科技创新与论文写作(第 3 版)[M].北京:机械工业出版社,2014:68—69.

（四） 科学好奇心与兴趣

科学家对科学的好奇心和热爱是他们专注于自己的研究工作的最重要的思想条件。强烈的求知欲和好奇心是他们成功的重要因素，这种好奇心通常表现为对认识那些尚未得到令人满意的解释的事物或其相互关系的渴望。这种好奇心联系着强烈的创新激情，有力地促动着他们去寻求那些其间并无明显联系的大量资料背后的基本原理，或是对一个实际问题的新的解决办法。难怪有中国版"搞笑诺贝尔奖"之誉的"菠萝科学奖"将其核心价值观定为"好奇心"。

我国东汉时期的大医学家华佗就极富有好奇心。有一天，他十分好奇地观看了蜘蛛与马蜂的一场格斗。基于认真的思考和大胆的联想，使他最终找到了一种消肿去毒的良药。

对于爱因斯坦来说，好奇心是他走向成功的重要因素，特别是他那强烈的求知欲和善于提出问题、思考问题的能力。而且与众不同的是，随着爱因斯坦年龄的增长，好奇心不但没有衰竭，反倒与日俱增，从小到大，他始终以孩子般的好奇心窥视着这个神秘的世界，使自己从理解其相互联系中获得乐趣，而没有什么别的要求。当还在四五岁的时候，他就经历了令他终生难忘的一次惊奇。那时，父亲给他看一只罗盘指南针。这只指南针总是以如此确定的方式行动，这与通常的直接接触到的作用根本不同，他猜想必定有什么东西深深地隐藏在事物的背后，这次惊奇给他的印象如此深刻而持久,以致 60 多年后,他还能清晰地回忆起当时的情景。正如他在 1953 年所说:"我很清楚,我本人没有特殊的天才。好奇心,专心一致和顽强的耐心,结合自我批评的精神,这些给我带来了我的概念。关于特别强的思维能力(脑力),我是没有的,就是有,也只是中等的程度。有许多人的思维能力,比我强许多,但未做出任何惊人的事业。"由此足见,只有对科学充满着强烈的好奇心和无限热爱之情,才能在面对挫折时不屈不挠,百折不回。

12 岁那年,爱因斯坦又经历了另一种性质完全不同的惊奇。这次是对于人类理性的惊奇,而不像前次那样是对于现象的惊奇。这一惊奇来自一本关于欧几里得平面几何的小书。书中的许多断言(如三角形的三个高交于一点)虽然并不是显而易见的,但是却如此地令人信服,以至不可能有任何怀疑的余地。这种明晰性和可靠性使他感到格外惊奇,并引发了他的深入思考。它们的根据何在? 它们真的是绝对可靠、无可置疑吗?

1953 年 3 月 14 日,在他的 74 岁生日之际,记者提出了一份书面的问题单,其中的第一个就是:"据说您在五岁时由于一只指南针,十二岁时由于一本欧几里得几何学而受到决定性的影响。这些东西对您一生的工作果真有过影响吗?"爱因斯坦随后肯定地回答说:"我是这样想的,我相信这些外界的影响对我的发展确实是有重大影响的。但是人们很少洞察到自己内心所发生的事情。"

中外科学史一再表明,好奇心是科学创造的起点、动机和巨大推动力;是科学家的无穷毅力和耐心的精神源泉;是科学创新的不竭动力。因为好奇心与怀疑、批判与创新是密切相关的。

对于华裔科学家、1998 年诺贝尔物理学奖获得者崔琦来说,强烈的好奇心同样渗透在工作和生活的每个角落。对此,他的夫人琳达(Linda Tsui)说道:

渴望知道得更多,遇事多问几个为什么、尝试去解决复杂问题是崔琦对待几乎所有事情的态度,是他特有的品格。从研究生时代起,我们就一直订阅一份叫做《基督教科学箴言报》(*Christian Science Monitor*)的杂志。因为崔琦非常赞赏这样一份对世界范围内的事情几乎无所不包的期刊。我们的饭厅里始终放有一本字典,从而使遇到的生字可以随时查到,甚至在吃饭中间也是这样。除了科学之外,神学、艺术、音乐、政治以及烹调也都成了崔琦的兴趣所在。他还喜欢太极拳和游泳。

可见,成功的科学家往往也是兴趣广泛的人,博学是他们取得成功的重要因素之一。因为独创性思想往往来自先前似乎风马牛不相及的思想的相互联系。此外,多样化的知识易使人产生联想,而过于长时期地在一个狭窄的领域钻研则易使人愚钝。因此,阅读和了解不应局限于自己熟知的知识范围之内,甚至不应拘泥于自然科学本身。

作为一位科学大师,崔琦有着广泛的研究兴趣。在他看来,自然界总是不断地给人类制造惊奇,需要人类去耐心破解。就他在凝聚态物理学领域中的影响而论,远不止他获诺贝尔奖的成就——分数量子霍尔效应方面。他指导的博士后和研究生们所涉猎的课题非常广泛,从磁致电阻、热电效应、回旋共振、远红外激光、输运过程到量子器件,在几乎所有这些领域都取得了重要成果。此外,崔琦对新现象的好奇心以及他对令人兴奋的新课题所具有的独到的领悟能力等都令同事和学生们赞叹不已。

崔琦发现的分数量子霍尔效应是他科学生涯中最富有成果、最令人好奇的现象之一,它完全不符合传统逻辑,以致当第一次公之于世时,竟遭到许多人的反对。当时人们还不知道这一发现对于研究粒子现象及其他许多物理分支的意义。即使在今天,人们仍不能准确知道应用科学能从这一突破性研究成果中获益多少。不过专家们推测,将来有一天,很有可能做到用少量电子携带大量电荷,以便用于从极小的微电子装置的设计到地球臭氧层破坏的研究。

在别人眼里徒劳无功的事,崔琦偏偏感兴趣,总要亲自实验,眼见为实,并从中提出个人的独到见解。实验仪器和设计新颖的实验,他常常根据自己的新想法去制作,分数量子霍尔效应的发现恐怕要算他的许多新想法中最为重要和令人惊奇的一个了。

当然,新奇的想法不是没有事实根据的胡思乱想,而是基于坚实的实验事实和理性分析之上的创造性思维。这已为科学史上无数成功和失败的案例所证实①。

---

① 许良.宁静致远——崔琦的科学风采[M].上海:上海科技教育出版社,2002:122—126.

（五） 科学与厨艺

1997 年 10 月 15 日,瑞典皇家科学院在斯德哥尔摩宣布:美国斯坦福大学物理系教授朱棣文因其在激光冷却俘获气体原子实验方面的杰出贡献,与来自美国和法国的另外两位学者一起分享 1997 年诺贝尔物理学奖。朱棣文是继杨振宁、李政道、丁肇中和李远哲之后,第 5 位获此殊荣的华裔科学家。他于 2004—2008 年任美国劳伦斯伯克利国家实验室主任,同时兼任加州大学伯克利分校物理学教授,2008—2013 年任美国第 12 任能源部长。

高超的实验技巧是朱棣文教授科学研究的重要特色,也是他荣膺诺贝尔奖的重要原因。他的合作者、著名物理学家阿斯金(Arthur Ashkin, 1922—　)曾经称赞说:"朱棣文不仅是一位杰出的实验科学家,而且是一位制造精巧实验装置的专家和第一流的工程师。"朱棣文这种既动脑、又动手的研究素养,与他生长在一个学术世家和小时候的爱好是分不开的。

朱棣文祖籍中国江苏太仓,1948 年 2 月 28 日出生于美国密苏里州圣路易斯一个典型的知识分子家庭。父亲朱汝瑾,1940 年毕业于清华大学化工系,1946 年获麻省理工学院化工博士,先后任美国圣路易、纽约及新泽西的 3 所大学教授;母亲李静贞出生于天津一名门之家,1945 年清华大学经济系毕业,后去麻省理工学院攻读工商管理,后来成为一位颇有才华的经济学家。哥哥朱筑文,斯坦福大学医学院教授,曾就学于普林斯顿大学,获麻省理工学院、哈佛大学博士学位;弟弟朱钦文,律师事务所合伙人,于 21 岁获得博士学位,后又在哈佛大学获得法律学位。另外有三个表兄妹,其中两位就读哈佛大学,一位就读布林马尔大学,都是美国非常出名的大学。朱棣文认为,在这样一个学术气氛很浓的家庭里,如果一天不思考,就感到自己落后了。他曾说:"在学习中要永远抱着怀疑的态度,去寻找更好的方法,更好的创见,这样才有可能走在别人的前面。"朱棣文在吸收科学知识的时候会经常地反思,在反思中把所学、所听、所见,转化为内在的知识。譬如,他在听到一篇新的研究论文报告时,通常要恍然大悟般地自问:"我为什么没有想到?"但接下来,他又开始想:还有没有别的方法能解决这个问题? 朱棣文这种创造性的学习方法,就是把外在的知识转换到自己的认知范围来思考,这样通常会得到一些不同的想法,产生一些新的灵感。

朱棣文的父母对他的学习要求总是做到最大的宽限。他们很强调孩子的自我约束和自主学习。在朱棣文进入中学学习的时候,他的父母就彻底地将这个孩子放到了一个完全自主的环境当中,他们对他的学习非常放心,根本不对他多加督促。并且,在朱棣文面临着科目和专业选择的时候,他的父母也不横加干涉,而是让他凭借着自己的爱好来作决定,只是告知他,当他选择了一个科系之后,要坚持,永不言弃。当朱棣文完成了高中学业的时候,他的父亲对他投身物理学的研究并不认同,他认为自己的儿子既然在绘画方面展现出天赋和才能,那么他最好的选择应该是建筑行业。依当时的行业情况来看,物理学这个领域的人才已经出现了饱和,而且高才生大有人在,那么想要在这条路上做出一番成绩无疑是困难的,并且从物理学本身出发,不断地做实验是一个非常无聊单调的事情。但是,朱棣文不是那么认为的,他对物理学的感情是其他科目不能够代替的,并且他沉迷在做实验的乐趣当中不能自拔。在儿子坚决的要求下,他的父亲最后还是屈服了。2009 年 6 月 4 日,功成名就以后的朱棣文在哈佛大学毕业典礼上的演讲中,谈到对毕业生的忠告时说:"当你开始生活的新阶段时,请跟随你的爱好。如果你没有爱好,就去找,找不到就不罢休。生命太短暂,所以不能空手走过,你必须对某样东西倾注你的深情。我在你们这个年龄,是超级的"一根筋",我的目标就是非成为物理学家不可。本科毕业后,我在加州大学伯克利分校又待了8年,读完了研究生,做完了博士后,然后去贝尔实验室待了9年。在这些年中,我关注的中心和职业上的全部乐趣都来自物理学。"

1978年,朱棣文离开曾经攻读研究生、做博士后工作的加州大学伯克利分校,加入了美国贝尔实验室,成为一名研究人员,他的主要任务是负责电磁现象的研究。在贝尔实验室他的表现很出色,完成了大量的成功实验。1983年,他的资历和经验为他赢得了提升的机会,他担任了贝尔实验室电子学研究部的主任一职。在这之后,他又到著名的斯坦福大学担任物理学教授,并且在1990年任斯坦福大学物理系主任。在斯坦福大学任职期间,他度过了人生中非常忙碌的一段时间,他的主要任务除了完成一个老师的本职工作——授课之外,还要将注意力投入到相关的原子物理学研究工作中。就是由于这种紧张的工作进度和环境,他总是将时间看得无比珍贵,不放过任何的机会进行学习[①]。

除了教师和研究人员的工作外,朱棣文在生活中是一个涉猎广泛的人,他不仅喜欢体育运动,如打网球、游泳、骑自行车,喜欢欣赏古典音乐,还特别喜欢烹饪,且厨艺很高,被同事戏称为"诺贝尔级的大厨"。他做得四国美食,中国菜、意大利菜、法国菜、墨西哥菜都有研究,但以中国菜和墨西哥菜最为拿手。朱棣文的这一"本事"是从妈妈那儿"继承"来的。他曾回忆说,小时候,有一次三兄弟跟妈妈在家里厨房包馄饨,"当时大家排成一列,妈妈负责调馅,大哥则在前头排面皮、放馅,我跟小弟在后面负责包馄饨,好像工厂的生产线一样,很有趣"。之后,朱棣文便常在厨房里跟母亲学做菜。学得几样"花招"后,从中学起朱棣文就常单独下厨,做盒饭带到学校去。与美国学生千篇一律的牛奶、三明治不同,朱棣文的盒饭

① 高美.诺贝尔奖获得者童年故事[M].福州:福建少年儿童出版社,2015:158—160.

花样翻新,香气诱人,有时候是中国菜,有时候是墨西哥料理,常常引来其他同学羡慕的眼光。后来上学离开家后,他常在宿舍的冰箱里找寻,利用其中仅有的材料,就能做出一顿美味可口的饭菜。工作后,朱棣文偶尔也会"秀"一把厨艺,让同事们一饱口福。朱棣文后来把科学实验也称为"做饭(cooking)"。他认为,动手做饭跟科学实验一样,可以训练一个人的专注与解决问题的能力。"在有限的资源中求变"是做菜和做实验的相通之处,也是他突破科学研究瓶颈,创造科学奇迹的秘诀之一。

（六） 科学中的"外行"

"隔行如隔山"，往往示意人们把"外行"与一窍不通、无所作为联系起来。然而在科学领域，某些重大发现却出自"外行"之手，即"外行"在科学上创造出奇迹。

20世纪在生物科学上最伟大的成就，莫过于"DNA双螺旋结构分子模型"的发现，这一创造性的科研成果极大地促进了生物科学在分子水平上的研究，使整个生物学的面貌为之一新。然而，在分子生物学创立和发展的前前后后，却浸透着许多"外行"们的心血。

1943年2月，著名的奥地利理论物理学家、1933年诺贝尔物理学奖获得者薛定谔，在爱尔兰都柏林大学三一学院，作了一次出乎意外的演讲，题目是"生命是什么?"1944年，他又以这个命题发表了著作。这位生物科学的外行，首先提出用热力学、量子力学的理论来解释生命的本质，他用量子力学的观点去解释基因和突变的模型，并把"负熵""密码传递""量子跃迁式的突变"等概念引进生命科学，开创了分子生物学和量子生物学研究的先河。

薛定谔的好友、德国原子物理学家德尔布吕克，曾与德国放射化学家和物理学家奥托·哈恩(Otto Hahn，1879—1968)一起研究原子核的分裂问题。由于遗传学问题的吸引，他离开德国去美国，参加了一系列有关的学术讨论会，从此兴趣转移了。他和卢里亚(Salvador Luria，1912—1991)及赫尔希(Alfred Day

Hershey，1908—1997)等人一起,用噬菌体和大肠杆菌开展一系列的遗传学研究,成立了闻名世界的"噬菌体小组",建立起"信息学派",最后证明了 DNA 是遗传物质,在这一领域取得了重大成果,从而获得 1969 年的诺贝尔生理学与医学奖。

而在 DNA 双螺旋结构的发现过程中起主要作用的四位科学家:沃森(James Watson，1928—　)、克里克(Francis Crick，1916—2004)、威尔金斯(Maurice Wilkins，1916—2004)和女科学家富兰克林(Rosalind Elsie Franklin，1920—1958),除了沃森是学动物专业之外,克里克是伦敦大学学物理和数学的,威尔金斯和富兰克林都是晶体物理学家。

在科学史上,"外行"做出重大贡献者并非鲜见。被恩格斯称为 19 世纪三大发明之一的能量守恒和转化定律,有四名学者为此做出了努力,其中焦耳(James Prescott Joule，1818—1889)是酿酒专家,迈尔(Julius Robert Mayer，1814—1878)是医生,亥姆霍茨(Hermann von Helmholtz，1821—1894)是生理学教授,而格罗夫(William Robert Grove，1811—1896)却是律师。发现天体运动三定律的开普勒是一位职业编辑,专编当时流行的占星历书。指出核苷酸的不同组合构成生物遗传密码的竟是美国天文学家伽莫夫(George Gamow，1904—1968)。而开创射电天文学研究的是无线电工程师央斯基(Karl Guthe Jansky，1905—1950)[1]。

被认为是医学史上最重要的杰出人物、"微生物致病学说"创立者巴斯德,更是科学"外行"中的典型。巴斯德并不是医生,原来是研究化学的,却做出了医学科学上意义重大的发现,就像牛顿开辟出经典力学一样,他开辟了微生物领域。

巴斯德于 1822 年 12 月 27 日诞生在法国东部汝拉省(Jura)的多勒镇(Dole),父亲是鞣革工人,母亲是农家女。1843 年 8 月,巴斯德考入法国高等师范学校,攻

---

① 张念椿. 为什么"外行"会在科学上创奇绩[J]. 华东科技,1997(9):42.

读化学和物理的教学法。1846年,巴斯德从高等师范学校毕业,一年后又取得理学博士学位。1854年9月,巴斯德被任命为新创立的里尔科技大学化学教授兼总务长。1867年,被聘为索邦大学化学教授。1877年,法国东部炭疽病蔓延。作为索邦大学教授,巴斯德在调查鸡霍乱时,偶然发现与空气接触的旧培养菌的毒性会变弱。根据他的经验,这种菌可能有免疫作用,可解决法国正在流行的炭疽病。于是他在得炭疽病已死亡的动物身上,提取这种细菌,且用试管培养这些细菌,使它们的毒性减得很弱。他尝试着把这些毒性减弱的细菌注射到健康动物的身上。过些时候,又把毒性强的细菌注射到同一只动物身上,结果发现,这只动物居然没有得病。而跟这只动物同在一群的其他动物,却有不少得了炭疽病死亡。这证明注射过的那只动物得到了抵抗这种疾病的能力。但这时很多人还不相信这件事。为了证明自己是对的,巴斯德举行一次公开实验,对象是50只健康的羊,他把弱的炭疽病菌注射到25只羊体内,2周后又将强的炭疽病菌注射到全部的50只羊体内。他向大家预测说:"起初注射弱的炭疽病菌的25只羊,不会生病,但另外那25只先前没注射弱的炭疽病菌的,会死掉。"两天以后,一群人聚在草原观看实验结果,结果有25只羊活得好好的,另外25只羊死了。巴斯德成功了。证明微生物与疾病关系的科学事实,看来已经够多了,但这些事实,都是从动物实验中得来的;微生物与人类疾病的关系,是一个需要另行研究的新课题。于是巴斯德又一次成了门外汉。他毕竟不是医生,他不会开刀,不懂解剖。于是他找了几个医生作自己的助手。他一次又一次地考察医院,深入病房,并重点研究了产褥热,终于查明了产褥热的病原菌——链球菌;他从助手身上的疖子采了一点标本,在显微镜下观察,也发现了这种细菌,甚至还从死于产褥热的产妇的血中找到了链球菌。

另外,巴斯德在解决啤酒变酸问题时,还发现高温可以杀死微生物。在科学院会议上,巴斯德多次向外科医生们呼吁,将他们的手术器械先在火焰上烧一下再使用,但医生们反应冷淡。巴斯德只得进一步解释道:"我的意思是仅仅将手术器械在火焰上过一下,而不是真的要将它烧烫!理由在于:若用显微镜检查这些器械,将会看到表面存在许多沟槽,里面都沉积着尘埃,即使非常仔细地清洗也难以全部洗净。而火焰则能完全破坏这些有机的尘埃。在我的被尘埃包围着的实验室里,我从来不使用没有先通过火焰的器械。"在法国,没有"医学博士"头衔(即行医资格,并非一般所指的"博士研究学位"——Ph. D.)的巴斯德提出的这一建议一直没有被医生们接受。但英国外科医生李斯特(Joseph Lister,1827—1912)却在他的学说的启示下创造了外科消毒法[①]。

"外行"之所以会在科学上创造奇迹,主要与科学技术内在联系有关,正如著名的德国物理学家普朗克所说:"科学是内在的统一体。它被分解为单独的部门不是由于事物的本身,而是由于人类认识能力的局限性。实际上存在着从物理到化学,通过生物学到人类学到社会科学的连续链条。"

---

① 谢德秋.医学五千年:外国医学史部分[M].北京:原子能出版社,1992:208.

五、 科学的社会性

科学的社会性是科学的基本属性之一,包括两层意思:第一,科学与社会处于永恒的互动关系之中,科学的发展离不开社会条件的支撑和社会因素的制约,也必定会对社会产生重要影响;第二,科学是一个由科学共同体组成的社会体制,有着自己特殊的行为规范、组织结构和运行机制①。

① 马来平.科学的社会性与自主性的契合[N].山东大学报,2016-03-30(6).

（一） 科学中的竞争

科学中的竞争对科学发展影响很大。有学者研究表明，科学中心的发展与衰落始终和科学社会系统中的竞争程度紧密相联，即竞争程度成为科学发展的指示器：当社会系统及其制度引起高度竞争时，科研生产率就会提高，这个国家就会被公认为世界科学中心；如果竞争减弱，科学中心就会转移①。现在的科学竞争已在各个层次展开，既存在于个人之间，也存在于机构之间，甚至还存在于国家之间。科学竞争虽然存在一些负面的东西，但其促进科学进步的作用是毋庸置疑的。例如，遗传物质 DNA 及其结构研究的竞争，极大地促进了生命科学的进步。

发现"人类免疫缺陷病毒"（HIV）的竞争，是 20 纪 80 年代末、90 年代初轰动科学界的大事，也是科学史上科学发现优先权之争的典型案例。法国巴斯德研究所的科学家蒙塔尼耶（Luc Montagnier，1932— ）和他的同事巴尔-西诺西（Françoise Barré-Sinoussi，1947— ）共同从一名法国时装设计师身上分离出了一种与淋巴结病相关的病毒（Lymphadenopathy associated virus，简称 LAV），成果发表在 1983 年 5 月 20 日的《科学》杂志上。一年后，也就是 1984 年 5 月 4 日，

① 张碧晖，王平.科学社会学［M］.北京：人民出版社，1990：263.

《科学》杂志发表了美国国立卫生院癌症研究所的加洛（Robert Gallo，1937—　）博士领导的团队的成果，他们发现的病毒叫 T 细胞白血病/淋巴结病 3B 型病毒（T-cell leukemia/lymphoma virus type IIIB）。此后，加洛博士团队的研究一直领先，还发现了白细胞介素－2。后来，人们发现这两种病毒其实就是一种，并统一命名为"人类免疫缺陷病毒"。从此也有了两家之争，到底谁第一个发现了 HIV，当时的争论在 1987 年达到高潮，上了法庭，很多科学家都卷入事件，甚至惊动了当时的法国总理希拉克和美国总统里根。他们出面调停这场争论，最后达成协议：蒙塔尼耶和加洛是 HIV 病毒的共同发现者。然而，巴尔-西诺西和蒙塔尼耶因为发现"人类免疫缺陷病毒"（HIV）获 2008 年的诺贝尔生理医学奖，而加洛未在受奖名单。该消息一公布，就在媒体上引起了轩然大波，纷纷对加洛的落选发表评论，对诺贝尔评奖委员会的决定感到遗憾。

　　显然，发现优先权的竞争只不过是科学竞争的一部分内容。在科学史的早期，科学竞争几乎不存在，待发现的科学问题很多，真正从事科学研究的人很少，科学家之间缺少交流，科学研究是个人的业余爱好或者工作附属。自近现代科学建立以来，18 世纪前科学研究主要在欧美大学进行，19 世纪欧美国家建立了政府科研机构，20 世纪大型企业建立研究机构，科学研究逐渐演变为科学家的一种职业，一种获取利益的手段和工具，科学竞争逐渐加剧。现在的科学竞争存在于整个研究过程之中。在研究前期，科学家为了开展科研工作而相互争夺科学资源，比如，科研项目的资助申请、优秀年轻人的招聘、最先进科学仪器设备的购置和实验室条件的改善。在研究中期，为理论推导而殚精竭虑，为实验结果而竭尽全力，在各种会议上交流，获得尽可能多的启发，在大型实验中争取时间，科学家都在为科学发现进行竞赛。在研究后期，科学家会通过各种方式尽快发表自己的结果，甚至采取新闻发布会的方式宣布自己的首先发现权。在结果发表之后，科学竞争就表现为各种科学事实之间、科学理论之间、各种科学学派之间的竞争。

遗传物质的研究肇始于孟德尔于19世纪60年代的豌豆杂交实验。在经过许多科学家的努力后,赫尔希和他的学生蔡斯(Martha Chase,1927—2003)最终于1952年通过放射性标记噬菌体的实验,发现DNA参与噬菌体复制的生化过程,从而确认DNA为遗传物质。当DNA被确认为遗传物质之后,研究DNA的化学结构就显得更加紧迫。因为只有了解了DNA结构模型,才能阐明DNA的遗传机制。其中有三个实验室的科学家走在该项研究的前面。一是1954年诺贝尔化学奖获得者、美国加州理工学院的鲍林(Linus Carl Pauling,1901—1994),他于1952年底提出DNA分子不是单链结构,可能是双链或三链的螺旋体的设想,但由于缺乏足够的资料,所用的X射线照片图像尚不够清晰,得出了一个错误的DNA结构模型,没有能在科学竞争中胜出。再者是来自英国伦敦国王学院的威尔金斯和富兰克林,他们于1952年设法制成了高度定向的DNA结晶纤维,且富兰克林拍摄出了其非常清晰的X射线衍射照片,但是,由于他们俩性格不合导致没有实质性的研究合作,即富兰克林的照片没有能第一时间给威尔金斯,而是在关键时期把照片放进了抽屉,并认为不需要其他人来帮助她分析照片资料,导致他们作为DNA结构研究中的领跑者,也没有能在竞争中胜出。三是英国剑桥大学卡文迪许实验室的沃森与克里克,他们基于威尔金斯拿来的那张富兰克林关于DNA结构的新照片、威尔金斯为照片写的说明等,共同提出了DNA双螺旋结构模型,并将该模型发布在1953年4月25日的《自然》杂志上,从而成为DNA结构研究中的胜出者,并因此和威尔金斯一起获得1962年的诺贝尔生理学或医学奖。

沃森和克里克之所以能够在这场科学竞争中胜出,一是因为他们合作默契、知识互补、精力充沛、争分夺秒,二是因为沃森有着强烈的竞争意识,他认为,在追求一个重要目标的过程中,与人发生竞争是不可避免的,竞争对手的存在表明研究价值的巨大。作为一个敢为人先的人,沃森后来又任1988年成立的美国国立卫生研究院"国家人类基因组研究中心"首任主任,成为人类基因组计划的早期组织者。2005 年,沃森答应一家美国生物公司来测定自己的基因组图谱,以鼓励个人破译自己的基因组图谱,为测序技术的进步贡献自己的力量。2007 年 5 月,沃森的个人基因组图谱全部完成,并发表在美国国立卫生研究院的网站上,供全世界查看,从而使他成为世界上第一个公开个人基因组图谱的人①。

---

① 张九庆.科学的进步:表现与动力[M].北京:科学技术文献出版社,2014:80—89.

（二） 科学中的合作

科学中的合作与竞争，就像是一个硬币的两面，当科学家和其他科学家展开竞争时，当他独自难以完成科学难题时，就需要与其他科学家进行合作。在大科学时代，没有科学合作，科学事业寸步难行。下面以中微子的发现及相关研究为例，来说明科学研究中合作的重要性。

中微子（neutrino）又译作微中子，是轻子的一种，是组成自然界的最基本的粒子之一。中微子不带电，质量非常轻（有的小于电子的百万分之一），以接近光速运动。中微子的发现来自 19 世纪末 20 世纪初对放射性的研究。后来，有两位物理学家预言了中微子存在。一位是奥地利物理学家泡利，他于 1930 年提出了一个假说，认为在 β 衰变过程中，窃走能量的"小偷"就是中微子（当时泡利将其命名为"中子（neutron）"）。另一位是意大利物理学家费米（Enrico Fermi，1901—1954）。1932 年真正的中子被发现后，费米将泡利的"中子"正名为"中微子"。1933 年，费米提出了他的 β 衰变理论，也预言中微子的存在。

此后，观测中微子的任务落在了实验物理学家的头上。1956 年，美国的莱因斯（Frederick Reines，1918—1998）和科温（Clyde Lorrain Cowan，1919—1974）合作在实验中首次探测到了中微子，结果以"自由中微子的探测：一个证实"为题发表在杂志上。这篇文章的署名作者除莱因斯和科温外还有 3 人。1995 年，莱因斯因此获得了诺贝尔物理学奖,而科温在 1974 年已经去世。1979 年,莱因斯这样回忆两人的合作:"我们的思想相互强化汇流,很难分开究竟是谁的。"

1962 年,来自美国哥伦比亚大学和布鲁克海文国家实验室的 5 位物理学家在《物理评论快报》(*Physical Review Letters*)发表论文《高能中微子反应的观察和两种中微子的证据》,报告了他们通过加速器产生的中微子流,发现了第二种中微子。5 位署名作者中的莱德曼、施瓦茨(Melvin Schwartz,1932—2006)、斯坦伯格(Jack Steinberger,1921—　)因此获得了 1988 年的诺贝尔物理学奖。

1962 年,布鲁克海文国家实验室的小戴维斯(Raymond Davis Jr.,1914—2006)和巴考尔(John N. Bahcall,1934—2005)两人开始了关于中微子研究的合作。小戴维斯擅长实验设计,巴考尔擅长理论计算,1964 年,他们分别发表论文《太阳中微子:实验部分》和《太阳中微子:理论部分》。1968 年,戴维斯基于实验结果,和两位同事发表论文,首次公布太阳"中微子失踪之谜",戴维斯因此获 2002 年诺贝尔物理学奖。

1987 年,日本小柴昌俊领导的神冈实验室和美国莱因斯领导的团队均在实验中观测到超新星中微子。1987 年 2 月,在银河系的邻近星系大麦哲伦云中发生了超新星 1987A 的爆发,产生了大量的中微子,小柴昌俊团队率先捕捉到了 11 个中微子信号。莱因斯领导的团队由美国 IMB、意大利和苏联研究人员共同组成,他们的实验装置稍稍落后于神冈探测器,观察到了太阳中微子。两个研究团队的文章《来自超新星 1987A 爆发的中微子观测》和《大麦哲伦星云中 1987A 超新星爆发同时产生的中微子观察》同时刊发在 1987 年美国的《物理评论快报》上,署名作者分别为 23 人和 37 人。2002 年,小柴昌俊也因此获得了诺贝尔物理学奖。

1974 年至 1977 年间,斯坦福大学直线加速器中心(SLAC)的佩尔(Martin L. Perl,1927—2014)带领实验团队进行了一系列实验,在 4GeV 的能区发现了一个比质子重两倍、比电子重 3 500 倍的新粒子,其特性类似于电子和 μ 子,被命名为 τ 子。1995 年,佩尔与莱因斯分享了诺贝尔物理学奖。根据能量守恒定律和粒子动量的估算,佩尔预测在 τ 子的衰变过程中,也会产生类似于电子中微子、μ 子中微子和 τ 子中微子。2000 年,美国费米实验室发现第三种中微子 τ 子中微子。

三种中微子发现之后,物理学家自然会问是否还存在第四种或者更多的中微子。1981 年,欧洲核研究组织筹建高能正负电子对撞机(简称 LEP),诺贝尔物理学奖得主、华裔美国科学家丁肇中成为其中的 L3 实验组负责人。1989 年,LEP 建成开始运行。1989 年至 2000 年的 10 年间,丁肇中团队精确地测定了三种轻子(电子、μ 子和 τ 子)的直径,验证了标准粒子模型的正确性。更为重要的是,他们精确地测量了中间玻色子 Z^0 的质量和寿命。通过对 Z^0 的质量和寿命的理论分析和实验结果对比,他们确定了自然界只有三种中微子存在。

为了回答戴维斯发现的太阳中微子失踪之谜,物理学家提出了三种解释:一种解释是理论计算可能错了;第二种解释是戴维斯的实验出了错;第三种解释最大胆,也被讨论得最多,那就是太阳中微子经过长距离穿梭后,可能发生了物理学家并不知道的某些变化。第三种解释被称为是中微子振荡,或者是中微子变味。为了验证中微子振荡,更多、更大的团队参与其中。1998 年 6 月 5 日,由小柴昌俊领导的日本超级神冈探测器的科学家们宣布找到了中微子振荡的证据,其主要论文《大气中微子振荡的证据》有 100 多名来自日本、美国等国家的 13 个研究机构的署名作者,其中日本的梶田隆章获 2015 年诺贝尔物理学奖。2001 年,加拿大的萨德伯里中微子观测站(Sudbury Neutrino Observatory,缩写为 SNO)发表了测量结果,探测到了太阳发出的全部三种中微子,证实了太阳中微子在到达地球途中发生了相互转换,三种中微子的总流量与标准太阳模型的预言相符合,解释了太阳中微子的失踪之谜,其发表的论文署名作者近 200 名,来自多个国家的 15 个研究机构。理论分析,既然有三种中微子,三种中微子之间相互振荡,就应该有三种模式。其中两种模式已经被证实,科学家开始寻找第三种模式。法国 Double Chooz 团队、韩国 RENO 团队和中国大亚湾团队各自开展实验研究。2012 年 3 月 8 日,大亚湾中微子国际合作组率先宣布,发现了一种新的中微子振荡,并测量到其振荡概率,其论文《大亚湾中微子实验发现电子反中微子消失》发表在《物理评论快报》上,署名作者超过了 200 人,来自 39 个研究机构①。

上述中微子的发现及相关研究,参与的科学家人数从几个人、十几个人的小组逐步发展到以实验室为基础的几十个人的团队,再到多个实验室参与的几百人的国际合作团队。另外,继发现"上帝粒子"(希格斯玻色子)、中微子、引力波之后的又一里程碑式的物理学成果——2017 年 7 月在实验中清晰地测量到正反同体的"天使粒子"马约拉纳费米子,则是由美国加利福尼亚大学洛杉矶分校王康隆课题组和美国斯坦福大学教授张首晟(1963—2018)课题组、中国上海科技大学寇煦丰课题组等多个团队共同完成的。可见,随着科学事业的发展,个体科学家的作用逐渐让位于合作的科学家。

---

① 张九庆.科学的进步:表现与动力[M].北京:科学技术文献出版社,2014:90—99.

（三） 科学共同体与"马太效应"

科学共同体（Scientific Community），即科学家的自治组织，最早由英国化学家和哲学家波兰尼（Michael Polanyi，1891—1976）于 1942 年在《科学的自治》一文中首次提出。波兰尼是从科学家的职业特征来解释科学共同体的意义的，认为科学共同体就是科学家的群体。一般公众理解的科学共同体就是"一群专注于相似研究对象、使用相似的实验仪器和表述言语、集中在少数几个刊物上发表研究成果、定期或不定期召开和参加相关学术会议的科学家群体"。美国科学史家库恩眼中的科学共同体则是建立在同一"范式"基础上的科学家群体组织，即"科学共同体是由一些学有专长的实际工作者所组成的；他们因所受教育和训练中的共同因素结合一起；他们自认为也被人认为专门探索一些共同的目标，包括培养自己的接班人；这种共同体具有这样一些特点：内部交流比较充分，专业方面的看法比较一致，同一共同体在很大程度上参考同样的文献，引出类似的教训"。美国社会学家、科学社会学奠基人默顿（Robert King Merton，1910—2003）认为，科学共同体实质上就是在科学的精神气质约束下的科学家群体组织，而科学的精神气质，由普遍主义、公有主义、无私利性和有组织的怀疑这四条规范组成，从而也把科学共同体与其他社会群体区别开来。美国的小李克特则指出："我们所谓的科学共同体，是由世界上所有科学家共同组织成的，他们在彼此之间维持着为促进科学过程而建立起来的特有关系。"

1660 年,英国皇家学会(Royal Society)成立,标志着人类历史上出现了真正意义上的科学共同体。尽管此前也已有了科学共同体的雏形,比如欧洲的大学和各类学会,但是这些大学和学会都还不是真正独立的科学家群体组织,因为此时的大学还是受宗教的影响与制约的,神学的教育在这些大学中享有较高的地位,而相应的学会组织基本上也不是科学家的自组织,往往都是私人或家族资助和保护下的产物。英国皇家学会虽然冠以"皇家"的称谓,但是和英国皇室并无实质上的关系,只不过是在成立英国皇家学会时得到了国王查理二世的批准,也就是说,英国皇家学会是获得英国皇室认可的权威机构。在英国皇家学会成立之初,有相当部分的会员是皇室成员,但是英国皇室成员必须以会员的身份加入其中,并且英国皇室并不能具体介入英国皇家学会的运转。特别是,英国皇家学会的活动经费并不来自英国皇室,而是来自英国皇家学会的会员,这样就能保证英国皇家学会的自主性。英国皇家学会为了更好地实现"促进自然科学知识"的宗旨,会在每周三下午定期进行聚会,任何人都可以到聚会地展示自己的研究成果,如波义耳、胡克(Robert Hooke,1635—1703)都曾在英国皇家学会的定期聚会中演示过自己的实验成果,牛顿也曾于 1672 年提交过关于光与色的实验论文。为了更好地在学会内部进行学术交流,英国皇家学会于 1665 年还创办了《自然科学会报》(*Philosophical Transactions*),规定在每月的第一个星期一出版发行。《自然科学会报》的创办与发行,进一步促进了科学家之间的学术交流,也成为科学评价的重要标准,因为凡是在《自然科学会报》发表的学术论文都会被认为是最重要和最有价值的研究成果,并且也是科学传播的重要载体。中国最早的科学共同体,一般认为是 1915 年成立的中国科学社。随后,包括中国地质学会、中国物理学会在内的各类学会性组织在我国纷纷建立起来,并定期开展学术活动,创办定期出版的学术期刊,以加强自然科学研究的交流①。

对于科学,科学共同体有多种功能,其中比较重要的有科学交流、出版刊物、维护竞争和协作、把个人知识和地方知识变成公共知识、承认和奖励、塑造科学规范和方法、守门把关、培育科学新人、争取和分配资源、与社会的适应和互动、科学普及或科学传播等。

"马太效应"(Matthew Effect),指强者愈强、弱者愈弱的现象。在科学共同体内,也存在这种现象。如何看待科学共同体内的"马太效应"? 让我们先从一个科学界的故事说起:化学元素周期律的发现,是 19 世纪自然科学史的重大成就之一。但是,1869 年,35 岁的青年学者门捷列夫首次提出它时,却遭到了科学界的冷嘲热讽。甚至他的两位老师——"俄罗斯化学之父"沃斯克列森斯基(A. A. Воскресенский,1809—1880)和化学界权威齐宁(Н. Н. Эинин,1812—1880),都说他"不务正业"。几年后,元素周期律终于被实践证明是正确的,门捷列夫也获得了极高的盛誉。到了 1887 年,化学界又经历了一次革命。28 岁的瑞典青年阿伦尼乌斯(Svante August Arrhenius,1859—1927),因提出了电离学说而遭到了猛烈的攻击。英、德、法、俄等国的化学界名流结成反对阵线,为首的就是大名鼎鼎的、当时已成为化学界权威的门捷列夫。面对化学权威们的嘲讽,阿伦尼乌斯没有退缩,他坚持不懈地斗争,并最终取得了胜利,于 1903 年获得了诺贝尔化学奖。而电离学说被认为是继原子论、分子论和元素周期律之后,在化学发展中取得的又一重大发现。这么一个简短的故事充分体现了"马太效应"在科学共同体内的重要影响,门捷列夫作为曾经被人所误的对象,按照常理,他应该不会轻易地去否定真正的科学成果,但是最后,他又重新扮演了当初自己成名时的敌人,成为又误他人的人。

其实,"马太效应"除上述的不公平、不公正,压制人才的消极作用外,也有积

① 郭金明. 自然辩证法实用教程[M]. 合肥:安徽大学出版社,2013:248—261.

极的一面：第一，促使权威的形成。在科学探索过程中，某学科领域形成了学术权威是这门学科逐步走向成熟的重要标志之一。学术权威可带领和指导广大研究者不断向科学的深度与广度探索，在研究探索过程中，这种"权威"角色对科技进步和推动学科发展有着重要作用。第二，促进人才集中和培养。在人才辈出的单位，由于"马太效应"的作用，更容易集中优秀人才，更容易得到各种资源，形成难以抗衡的巨大优势，成为一流的学术机构。

正确认识"马太效应"在科学共同体内发挥的作用和产生的影响，有利于科学工作者更有效地发挥主观因素，引导其积极的影响，避免其消极的作用，促进整个科学界内能够更加高效公平地进行科学探索和研究。针对"马太效应"的积极消极作用，作为科学（学术）新人，应该"扬长避短"充分利用"马太效应"，耐得住黎明前的黑暗，坚持奋进，永不言败，积极抓住机会，成为一个时刻准备的人，使自己进入权威的行列中，使自己的科学研究成果能够得到更多的认可，也能够获得更多的研究资源以创造更多的科学成果。作为科学权威，宜时刻提醒自己做一个有科学道德的权威专家，主动帮助那些有希望获得成功的后来者，客观公正地对待他人的研究成果，成为一个推动科学发展的真正的权威①。

---

① 应如何看待科学共同体内的"马太效应"？［OL］.［2017－05－17］. http://www. njliaohua. com/lhd_4efqt30mxz6h1tx45fjw_1. html.

（四） 科学与文化

　　文化是一个概念模糊、内涵混杂的词汇，一段时期里某个社会（组织、人群）等流行的风土人情、思想观念、行为模式、伦理道德、法律制度、文学艺术、宗教信仰等，都可以包含在文化之内。科学技术本身也是文化的一部分，也在各种文化氛围的影响下生存和发展。不同领域的科学受文化影响的程度可能是不一样的，其中与人体相关的科学受到文化因素的影响最为严重。下面以人体解剖学为例，说明文化因素对科学进步所产生的影响。

　　古代的解剖学，中国与西方、阿拉伯国家的水平大致相当，源于对人体解剖相似的文化认同。中国的人体解剖发源很早，远在商周或以其前，中国的医学家已积累了一定的人体解剖知识。战国时期（约公元前 500 年），中国的第一部医学巨著《黄帝内经》中就记载了许多关于人体各个脏器和体表部位的解剖数据。不过，中国的这种解剖实践是零星的，因为在中国，解剖被认为大逆不道，中国人相信"身体发肤，受之父母，不敢毁伤"。医生要追求仁术，也不能解剖人体。在欧洲第一个实施解剖的医生是公元前 5 世纪的古希腊人阿尔克迈翁（Alcmaeon of Croton，公元前 5 世纪），其解剖的目的是为了研究人的智慧。约公元前 3 世纪，当时的法官认为罪犯承受解剖的痛苦是为了赎罪，故亚历山大的外科医生有意识地开展了人体的活体解剖研究。公元 2 世纪，盖仑（Claudius Galenus，129—约 200）

的出现对后世产生了巨大的影响。在罗马人统治的时期,人体解剖是被严格禁止的。因此,盖仑只能进行动物解剖实验,他通过对活体动物实验,获得了100多种器官的人体医学知识。

中世纪,西方的解剖学由于现代意义的大学医学教育的昌盛,开始领先于中国。13世纪开始,现代意义的大学逐渐在欧洲成立,解剖人体的做法便逐渐在大学里展开。到14世纪,人体解剖学已演化成为意大利大学医学教育的重要内容。1222年建立的意大利帕多瓦大学在医学和解剖学上声誉卓著,被认为是近代解剖学的发源地。现代人体解剖学的奠基人维萨里(Andreas Vesalius,1514—1564),胚胎学之父法布里修斯(Hieronymus Fabricius,1537—1619),血液循环理论的奠基人哈维(William Harvey,1578—1657),均在帕多瓦大学执教或学习过。在中国,现代意义的大学要比西方晚约600年出现。无论是当时的官学还是书院,都没有医学的相关内容。鸦片战争以后,西方医学大量涌入,清政府迫于形势不得不在一些医学院校开设人体解剖学课程,然而在1902年颁布的《钦定学校章程》中仍规定解剖课的实习"只许模型观察,不许尸体解剖"。

文艺复兴前期,中西方的解剖学因各自绘画艺术风格的差异而大相径庭。文艺复兴时代,西方一些艺术家开始把人体解剖知识应用到绘画创作之中。一方面,画家掌握了大量的解剖学知识;另一方面,一些画家也直接参与解剖学的研究。米开朗基罗(Michelangelo Buonarroti,1475—1564)、丢勒(Albrecht Dürer,1471—1528)、鲁本斯(Peter Paul Rubens,1577—1640)、贺加斯(William Hogarth,1697—1764)等画家都对解剖学有过深入的研究,而其中的佼佼者是意大利画家达·芬奇。达·芬奇与解剖学教授托雷(Marcantonio della Torre,1481—1511)一起在帕维亚大学共事。他曾亲自解剖过30多具人体,以一位美术家的观察力和超凡的绘画技巧,描绘了人体骨骼、肌肉、肌腱、神经、脉管和主要脏器,留下了大量有关人体解剖的笔记和可比拟现代数字成像技术的素描图。我国画家丰子恺认为,西方绘画以人物绘画为主,追求人物的形状逼真,注重透视和立体效果。因此,西方画家必须掌握人体骨骼筋肉名称及其各种形态的变化,比例尺寸要求精确。而中国绘画艺术以山水风景画为主,在少量的人物绘画中注重象征而不注重写实,追求神似而不追求形似。中国画家画人物,采用夸张手法突出人物的姿态特点,而不计较人物各部的尺寸与比例。

到了近代,西方的解剖学因实验科学的兴起和科学精神的确立而大放异彩。近代西方解剖学在 16 世纪到了一个顶点,其标志是哈维发表《论心脏和血液的运动》,首次提出血液循环说。这一段时期也正好是欧洲的文艺复兴时期。文艺复兴的核心是以神为核心的信仰向以人为核心的信仰过渡。以人为核心的信仰倡导人的积极进取、创造性和求真求实精神。这种信仰体现在科学家身上,则是以观测和实验为主的科学方法和以普遍性、公有性、普遍的怀疑和无私理性为核心的科学精神。而此时中国还没有从崇拜权威中走出来。传统的中医把人看成一个整体,虽然人体是由包括内脏、经脉、五官、九孔、四肢和骨骼等组织和器官组成,它们在结构、生理、病理上都紧密联系。临床诊断可以由表及里,望闻问切可以发现所有的病因。

17—19 世纪,西方的解剖学因科学共同体的出现、解剖的合法化而更进一步。这一时期,欧洲各个国家的科学共同体以较为松散的无形学院、强调个体与大众化的学会、国王和国家主导的皇家科学院等形式出现,例如,意大利科学研究会、伦敦皇家学会等。解剖学研究也因此出现连续性、师徒相传、兄弟接力的研究使得解剖学成果不断涌现。在法律上,西方用于教学和研究的尸体供应得到了保证。例如,英国于 1832 年通过了解剖法案,规定无人认领的尸体特别是来自监狱、贫民区的尸体可应用于医学教学与科学,亲人的尸体捐赠也可获得补偿。而在中国,法律对解剖学的限制从秦代开始一直延续到 20 世纪初的清朝末年。

20 世纪,西方的解剖学因现代科技的支撑,建立了影像解剖学。中国也因文化的开放,解剖学真正踏上科学之路。早在 19 世纪末,外国人办的医学院校因不受中国法律约束,进行尸体解剖。如 1867 年,广州长堤的博济医院进行了首例尸体解剖。1911年,新成立的中华民国当局颁布的《刑事诉讼律》规定,准许解剖尸体,为中国的解剖学发展创造了条件。第一次公开执行尸体解剖是1913年11月13日在苏州医学专门学校举行的。后来,中国一系列法令(如1914年4月颁布的《解剖规则施行细则》,1928年颁布新的《刑事诉讼律》,1928年5月15日颁布的《国民政府新订解剖规则》,1933年颁布的《修正解剖尸体规则》)的公布,对法医学和中国解剖学的发展起到了一定的推动作用[①]。

---

① 张九庆.科学的进步:表现与动力[M].北京:科学技术文献出版社,2014:140—149.

（五） 科学与技术

技术是制造各种物质、工具、设备等的方法和能力。一方面，技术为科学提供研究工具，即技术为科学研究提供更为敏锐的"眼睛、耳朵、鼻子"等感知观测工具和更发达的"四肢"和更有力的"肌肉"等操作工具；另一方面，技术为科学研究提供新的动力和方向，如能量守恒定律的确立得益于蒸汽机车提升效率与商业化应用的技术需要，超导现象的发现得益于低温技术的发展，人类基因组计划的启动实施得益于基因工程技术提供了绘制基因图谱的可能性等。尽管从人类整个历史来看，并非所有的技术成就都由现代科学理论支撑（如公元前3世纪李冰父子在四川建造都江堰的技术，其背后的理论显然不可能是流体力学等现代科学理论），科学理论也并非衡量各种技术成就的唯一标尺，但技术与现代科学却是相互关联、高度依存的。下面以天文学为例，来分析望远镜制造技术是如何促进天文学的发展的。

天文学是一门典型的观测科学，依赖于观测天体的"眼睛"。从肉眼观测到通过简单的观天仪器观测，从低倍数、低分辨率的望远镜观测到高倍数、高分辨率观测，从利用可见光的光学望远镜观测到利用宇宙射线的射电望远镜观测，从布置在地面的望远镜观测到在空间飞行的望远镜观测，现代天文学逐渐发展起来。可以说，没有望远镜制造技术的进步就没有现代天文学的进步。

自古以来,人类就对天体充满了探索的欲望。早期的人们只能依靠肉眼来观察常见的天体并记录其运行情况,知道了昼夜更迭、四季交替的规律,学会了用太阳、月亮来确定时间和方向,并形成了几种原始的天文学理论,如,中国古代的盖天说、浑天说、宣夜说。丹麦的第谷是最后一位也是最伟大的一位用肉眼来观测天文现象的天文学者,他使用与中国元代郭守敬的简仪和立运仪类似的天文观测装置,于1577年观测到彗星,并且提出了一个理论:彗星的轨道不可能是圆的,应该是被拉长的。

伽利略是第一个用望远镜观察天体运动的科学家。他利用自己制造的折射望远镜,发现了月亮表面凹凸不平,将月球上的山脉命名为环形山;认识到银河系其实是由无数颗灿烂的恒星组成;在太阳明亮的表面上发现了一块块暗色的区域——太阳黑子;发现木星有四颗卫星。之后,德国天文学家开普勒发明成像更清晰的望远镜,并用它观察太阳系,画出了第一张精确的太阳系地图,准确地阐述了行星的公转运动,在总结第谷所有的天文观测资料和自己的发现之后,提出了行星运动的三大定律。后来,望远镜的透镜越做越大,镜头越做越长,放大倍数也越来越大。荷兰天文学家惠更斯制作的折射望远镜长达37米,由此发现了土星最大的一颗卫星。法国天文学家 G. D. 卡西尼在巴黎天文台用长达41.5米的望远镜发现了土星的四颗卫星和土星光环中间有一条暗缝。德国光学家夫琅和费(Joseph von Fraunhofer,1787—1826)造出了一台极好的消色差折射望远镜,利用它发现了太阳光谱中的许多暗线,并预言恒星光谱与太阳光谱大体相同。美国的天文学发展得益于阿尔万·克拉克(Alvan Clark,1804—1887)与其子乔治·巴塞特·克拉克(George Bassett Clark,1827—1891)、阿尔万·格雷厄姆·克拉克(Alvan Graham Clark,1832—1897)的望远镜制造技术。基于克拉克父子制造的望远镜,巴纳德(Edward Emerson Barnard,1857—1923)发现了木卫五,霍尔(Asaph Hall,1829—1907)发现了火星的卫星。

当反射望远镜成为光学望远镜的主流后,第一个在天体观测方面做出杰出贡献的天文学家是被人们称为"恒星天文学之父"的威廉·赫歇尔。他利用自己制造的系列反射天文望远镜,先后发现了一颗新的行星——天王星,两颗天王星卫星——天卫三、天卫四,两颗土星卫星——土卫一、土卫二。1845 年,爱尔兰的业余天文学家帕森斯(William Parsons, 3rd Earl of Rosse, 1800—1867)利用自己建成的反射望远镜,第一个发现了 M51 是旋涡星系。20 世纪 20 年代左右,美国天文学家哈勃(Edwin Powell Hubble, 1889—1953),利用"现代太阳观测天文学之父"海尔(George Ellery Hale, 1868—1938)制造的胡克望远镜,证实了银河系以外其他星系的存在,并发现了银河外星系红移规律。

1944 年,美国无线电工程师雷伯(Grote Reber, 1911—2002)用自己专门制作的射电望远镜,获得了来自人马座、天鹅座、仙后座、大犬座等方向的射电波信号。第二次世界大战期间,警戒雷达无意中发现了来自太阳的无线电信号,雷达技术也很快应用到天体观测之中,射电望远镜技术和射电天文学得以飞速发展。1964 年,美国贝尔实验室的工程师彭齐亚斯(Arno Allan Penzias, 1933—   )和威尔逊(Robert Woodrow Wilson, 1936—   )架设了一台喇叭形状的天线,将天线对准天空方向进行测量,结果发现在波长为 7.35 厘米的地方存在一个特殊的噪声信号,这些噪声信号相当于宇宙大爆炸后留下的电磁波信号,即宇宙背景辐射。1967 年,剑桥大学的休伊什(Antony Hewish, 1924—   )建成了一种新型射电望远镜,他的博士生贝尔(Susan Jocelyn Bell, 1943—   )用它在观测中发现了超新星爆发后的残余星体脉冲星发出的信号。1974 年,美国科学家赫尔斯(Russell Alan Hulse, 1950—   )和泰勒(Joseph Hooton Taylor, 1941—   )使用 305 米口径射电望远镜,发现了首个脉冲双星。

20 世纪 50 年代之后,由于航天技术和人造卫星技术的发展,各国先后发射了数以百计的人造卫星及宇宙飞行器用于天文观测,获得更加清晰与更广泛波段的观测图像。1989 年,专门用于探索宇宙背景辐射的卫星被送入太空,两位美国科学家马瑟(John C. Mather, 1946—   )和斯穆特(George Fitzgerald Smoot III,

1945—)利用其发回来的观测数据进行研究,验证了宇宙微波背景辐射的基本特征。最著名的空间光学望远镜是1990年美国发射升空的哈勃望远镜,20多年来为人类源源不断地提供着宇宙深处的信息,如记录了彗星、木星的撞击,拍摄了超新星1987A的光环,确定了宇宙的实际年龄,看到了宇宙深处的星系等。

综上所述,天文望远镜技术与天文学上的发现密切相关。在天文望远镜的400年历史中,前300年的望远镜技术掌握在欧洲人手里,天文学的多数发现也主要由意大利、法国、英国、德国等国的科学家轮流做出。近100年来美国的望远镜技术逐渐赶上并超越了欧洲,美国科学家在天文学上的发现也逐渐领先于欧洲科学家①

---

① 张九庆.科学的进步:表现与动力[M].北京:科学技术文献出版社,2014:68—79.

（六） 科学与制度

制度是一些约束性条件，它们限制或者促进在这个条件下生存的每个人的行为。科学虽然具有客观性，科学描述、解释、预测和方法等一系列科学知识体系的核心内容不依赖于制度，但在某些方面，如科学发现的优先权归属、科学是否得到及时的评价和认可、科学发展的快慢，是要受到科学政策等制度的影响的。一个差的科学政策甚至会直接干预科学家的描述、解释、预测和方法，如历史上的超导研究，可充分说明制度对科学的影响。

超导是指某些物质在一定温度条件下（一般为较低温度）电阻降为零的性质。超导现象由荷兰物理学家昂内斯（Heike Kamerlingh Onnes，1853—1926）于1911年在低温研究时意外发现。这一年，他发表了3篇论文，探讨汞在极低温度下的电阻变化及其突然消失的测量结果。随后，昂内斯证明了锡和铅在低温时的电阻变化也会出现相同的现象。尽管昂内斯关于超导的发现是一种偶然事件，但该发现却需要有准备的头脑、自由的研究氛围。昂内斯如果没有长达近30年的低温研究，其所在的莱顿大学如果没有支持基础研究的传统，就没有超导现象的发现。

最早对超导现象作出理论解释的是出生于德国的犹太裔伦敦兄弟——哥哥弗里茨·伦敦（Fritz London，1900—1954）和弟弟海因茨·伦敦（Heinz London，1907—1970）。弗里茨曾师从一些著名的物理学家，如玻恩、索末菲（Arnold

Sommerfeld，1868—1951)、艾瓦尔德(Paul Peter Ewald，1888—1985)、薛定谔。在苏黎世,他和海特勒(Walter Heinrich Heitler，1904—1981)一起发展了氢分子的化学键理论,奠定了量子化学的基础。1928 年,弗里茨来到柏林大学,并在此逐渐建立起自己的科学声望。海因茨先后在柏林、慕尼黑等大学学习,1934 年,以《关于超导体内的交流损耗问题》的论文在布雷斯劳大学获博士学位。1933 年,纳粹攫取政权,大肆排犹,伦敦兄弟被迫先后逃亡英国。英国牛津大学利用企业赞助设立的基金,以短期合同接纳了伦敦兄弟。在 1933 年迈斯纳(Walter Meissner，1882—1974)和奥志森菲尔德(Robert Ochsenfeld，1901—1993)两位科学家发现超导体的完全抗磁性现象(迈斯纳效应)之后,伦敦兄弟便着手对此现象进行理论解释。1934 年,他们提出了“伦敦方程”。1935 年这一方程以“超导体的电磁方程组”为题目的论文发表。“伦敦方程”第一次解释了超导体的很多性质,但几乎没有被牛津大学科学家认同。

苏联超导研究的先驱人物是舒布尼科夫(Л. В. Шубников，1901—1937)。他曾在 1926—1930 年留学莱顿大学的昂内斯低温物理实验室,1931 年,成为乌克兰物理技术研究所低温实验室负责人。1934 年,舒布尼科夫和他的同事独立发现了超导体的迈斯纳效应,并获得了更为详细的数据。遗憾的是,正当他们的研究取得进展的时候,1936 年苏联开展了“大清洗”运动,舒布尼科夫被判处 10 年徒刑,苏联的超导体实验研究因此被迫中断。苏联的其他低温物理研究者、理论物理学家朗道也于 1938 年被捕入狱,但朗道要比舒布尼科夫更为有名,在实验物理学家卡皮查(Пётр Леонидович Капица，1894—1984)等人的营救下在 1939 年出狱,得以继续从事研究,但他们都被剥夺了出国与国外同行进行交流的权利。1950 年,金兹堡(Виталий Лазаревич Гинзбург，1916—2009)与朗道合作发表了一篇文章,建立了金兹堡-朗道方程(简称 GL 方程)。后来,朗道的学生阿布里科索夫(Алексей Алексеевич Абрикосов，1928—2017)用 GL 方程建立了第Ⅱ类超导体的物理基础。1959 年,另一位苏联科学家戈尔科夫(Лев Петрович Горьков，1929—

2016)进一步对 GL 方程进行了数学处理,扩展了方程的适应性。今天,科学家通常把由这四位苏联科学家创立的这套方程式,叫作 GLAG 理论。朗道在 1962 年获得诺贝尔物理学奖,不过获奖原因不是超导研究而是液体氦的超流体研究。金兹堡和阿布里科索夫对超导理论的贡献在差不多 50 年以后的 2003 年被授予诺贝尔物理学奖。应该说,苏联科学家在超导研究方面本应该取得更大的成就,得到更早的认可,但至少有两个原因阻碍了他们。一是学术自由受到了国家政治的干扰。美国和苏联处于冷战时期,苏联的一大批物理学家尤其是实验物理学家无法开展工作。美国麦卡锡主义的盛行,使得在苏联发表 GL 方程论文的期刊(即使翻译成了英文)没有能在美国等超导研究领先的同行中得到更多交流。二是学术交流受到了学术权威的限制。朗道是一名优秀的物理学家,在量子力学和量子理论等方面都有突出的建树,但个性过于强势,这使得他与两位合作者——金兹堡和阿布里科索夫都未能进行平等的对话和充分的交流。

BCS 超导理论的建立,得益于人才流动与自由研究。该理论的提出者巴丁(John Bardeen,1908—1991)于 1935—1938 年间任哈佛大学初级研究员,在这里他第一次对超导理论产生了兴趣。1938 年,巴丁到明尼苏达大学任助理教授,开始研究超导的理论问题,发表了一篇摘要文章。1941—1945 年,因战时需要,巴丁在美国海军军械实验室任职。战争结束后,巴丁来到贝尔实验室工作,和布拉顿(Walter Houser Brattain,1902—1987)、肖克利一起,在 1947 年 12 月 16 日完成了世界上第一只晶体管的发明。之后,巴丁与自己的直接上司肖克利产生了矛盾。了解巴丁境遇的伊利诺伊大学的塞兹(Frederick Seitz,1911—2008)教授则力邀巴丁进入大学开展研究。1951 年,巴丁进入伊利诺伊大学。为了解决职位和薪酬,伊利诺伊大学为他准备了一个联合职位,一半属于物理系,一半属于电机工程系。其次,伊利诺伊大学承诺为他提供最大限度的自由,他可以随意从事自己感兴趣的课题。这样,巴丁可集中精力攻克超导微观理论方面的难题。1955 年,巴丁完成了一篇关于超导理论的评述文章,提出了超导现象的产生涉及几个关键因素。此时,巴丁敏感地觉察到,经过40多年发现的超导实验现象和20多年的科学家理论尝试基础之后,构建一种完整的金属超导理论的时机已经成熟。巴丁认为量子场论方法将有助于超导研究,于是,在杨振宁的推荐下,库珀(Leon N Cooper,1930—)在1955年加入了巴丁的研究小组。另外,巴丁的研究生施里弗(John Robert Schrieffer,1931—)也把超导研究作为自己的博士研究课题。他们三位正式组成了研究团队,向超导电性微观理论的难关发起了冲刺。他们分工协作,每天都讨论各自的思想和工作进展。1957年2月中旬,3个人完成有关这个理论的第一篇论文,4月1日论文正式发表,7月他们发表了完整概述超导微观理论的文章,以三位作者各自姓氏首字母命名的BCS理论正式形成。超导BCS理论的创立是作为领军人物的巴丁合理流动的结果,是具有不同学科背景和优势的三代人合作的结果,是多种学科(量子力学、固体物理学和场论方法)理论知识交叉融合的结果,更是在多年来不同科学家提出的各种超导理论、实验数据的基础上发展起来的结果。1972年,巴丁、库珀和施里弗三个人分享了诺贝尔物理学奖[①]。

---

① 张九庆.科学的进步:表现与动力[M].北京:科学技术文献出版社,2014:127—138.

六、 科学的启发性

特指近代自然科学法则和科学精神的"科学",曾经与"民主"一起构成了近代中国新文化运动期间的两面旗帜和口号,即"赛先生"和"德先生"。作为口号,这种科学虽有时代的局限性,但与其相伴的科学方法、科学思想、科学精神、科学程式,永远是人们科学素养不可或缺的内容,对人们尤其是广大的青少年的为人、行事均具启发意义。

（一） 科学研究过程中的"周处"

　　周处（236—297），字子隐，三国末期的吴国阳羡（今江苏宜兴以南）人。他的父亲周鲂，曾经任吴国鄱阳太守，但在周处少年时就去世了。相传周处不到20岁时就臂力过人，但因父教缺失，不修小节，放荡不羁，经常与人打架斗殴，危害乡里。那时候，在阳羡县境内的大河里出现了一条蛟龙，同时在阳羡县山里又有只斑额吊睛猛虎，它们时常伤害老百姓。当地人们都把周处同蛟龙、猛虎一起看作"三害"，而这"三害"中尤以周处更加厉害。为了除掉这"三害"，不知是谁劝说周处上山去杀死那只斑额吊睛猛虎，到河里去斩除那条危及乡里的蛟龙，即让这"三害"自相残杀。

　　周处听人劝说后，立即上山去杀死了斑额吊睛猛虎，接着又下山来到有蛟龙作恶的河边。周处在水里待了三天三夜都没露面。大家以为他与蛟龙同归于尽了，高兴极了，"三害"皆除，从此地方太平，人们相互庆贺。然而，周处并没有死。他杀了蛟龙，从水中爬上岸，听到乡人庆贺，如五雷轰顶猛然醒悟，原来自己在乡人眼中竟是大恶人。他羞愧极了，有了改正错误的念头，但心里又很有些犹豫。于是，他到吴县（今江苏苏州）去寻找当时公认的贤人、智者陆机、陆云兄弟，以求指点迷津。周处头脑中带着疑惑来到陆家时，陆机不在家，见了陆云，于是他就把家乡人为什么恨他的情况全部告诉了陆云，并说明自己想要改正错误重新做人，但又担心自己年纪已经不小了，恐怕不能干出什么成就。陆云开导他说："古人认为，一个人如果能在早晨懂得真理，那么即使是在晚上死去，也是可贵的；何况你现在还年轻，前程还是很有希望的。"

陆云接着说："一个人怕只怕没有好的志向。有了好的志向，又何必担心美名不能够传播开去呢？"周处听了陆云这番话后，从此洗心革面、改过自新，终成名扬四方的忠臣孝子。

"知错能改，善莫大焉"，在科学研究过程中亦是如此。

哈佛大学著名科学家、干细胞专家梅尔顿（Douglas A. Melton，1953—　）领衔的研究小组曾发现，肝脏分泌的一种称为"胰岛营养因子"（betatrophin）的激素，可刺激胰腺中的胰岛素分泌细胞生长，从而给糖尿病治疗提供了新的思路和希望，即可以让成千上万糖尿病患者摆脱长期注射胰岛素的困境。这一研究成果随即发表在 2013 年 4 月 25 日的《细胞》杂志上，并被一些学者认为是 2013 年生物医学领域的重要发现之一、DNA 双螺旋结构发现 60 周年的最好献礼。

2014 年，另一个独立的研究小组发现，梅尔顿小组报道的这个胰岛营养因子并不会影响胰岛素的分泌。梅尔顿小组随后对这种质疑进行了部分反驳。不过，梅尔顿小组于 2016 年在开放存取期刊 Plos One 发表文章承认了这种蛋白不具有刺激胰岛素分泌的功能，并撤销 3 年前发表在《细胞》上的论文。其撤稿声明称，当时的结论是错误的，缺乏足够的支持证据。这彻底埋葬了当时让全世界科学界和媒体关注的新发现，但梅尔顿这种勇于担当的态度是非常值得人们学习的。

其实，这并不是第一桩主动撤稿事件，也不是外国科学家独有。2012 年，某植物生理学与生物化学的国际学术期刊发表声明称：应作者要求和主编同意，撤销了一篇来自中国学者的论文。来自中国的学者发现自己在线发表在《柳叶刀》杂志上的一篇文章有计算上的失误，主动联系期刊要求撤稿。

这些事件不免让普通公众有些疑惑：这些科研结果发表在知名的学术期刊上，经过了严格的同行评审，也会错吗？答案是肯定的，因为科学总是在否定和修正中不断前行的。

那么，是否主动撤稿就说明科学家"失败"了呢？答案恰恰相反，这种自我否定和修正才是科学的态度。

科学是不断深化发展的，每一篇论文、每一个结论，都不是绝对真理，而是我们通往真理的一个节点。在这个节点上，或许我们选对了方向，也可能有所偏差，甚至走向歧途。从这个意义上说，自我否定与修正才是科学发展的常态。

而科学研究具有很强的不确定性。有的时候，与其说科学是知识的积累，倒不如说是识别和处理不确定性的技能。所以，在一定程度上来说，科学研究在走向真理的过程中难免会出现偏差，对这些偏差的纠正有时候也会相对滞后。对于偏差的纠正，无论是来自科学发现者本身还是其他科学家，都是一种正常现象——其中无关人事臧否，只取决于科学事实本身。

研究者经过认真研究，确认已经发表了的研究成果存在瑕疵或偏差，提出主动撤稿，正是科研人员科学素养的体现，也是科研伦理的重要组成部分。科学研究从来不以成败论英雄，特别是对于原创性研究，失败有时更有价值——认识到问题所在、不断修正结论，是揭示自然法则的正途。而真正损害科学发展的，是明知有误还固执己见[1]。

---

① 王大鹏. 主动撤稿与同行评议［N］. 光明日报，2017 - 01 - 19(13).

（二） 科学发现的"同时性现象"

科学发现的"同时性现象"，指的是某一思想、理论、技术、产品等往往被几个人各自独立地甚至是大致同时地发现或发明出来。

1974年11月11日凌晨3点，美籍华裔物理学家丁肇中所领导的小组，在美国纽约州阿普顿营（Camp Upton）布鲁克海文国家实验室宣布：在3GeV的能区发现了一种不带电、寿命相对较长的新基本粒子。他们考虑过去10年的工作一直集中在电磁流 $J\mu(x)$ 上面，于是，就决定将新发现的粒子命名为"J粒子"。

几乎与此同时，美国西海岸加利福尼亚州斯坦福直线加速器中心的里克特（Burton Richter，1931—2018）实验组也找到了一种奇怪的新粒子。它寿命同样很长，里克特小组将其命名为 ψ 粒子。

在得知斯坦福直线加速器中心也找到新粒子的消息后，丁肇中实验组于11月12日将发现 J 粒子的实验结果的论文交给了《物理评论快报》，并希望他们尽快发表它。结果，1974年12月2日出版的那一期《物理评论快报》中，有3篇发现这种新粒子的论文，除丁肇中实验组的论文之外，还有前文提到的里克特实验组以及意大利的弗拉斯卡蒂实验室（Frascati National Laboratory）发表的文章。

丁肇中实验组和里克特实验组的新发现，震惊了美国科学界。经过仔细比较，科学家们发现 J 粒子和 ψ 粒子是同一种粒子。为了纪念丁肇中小组和里克特小组的功绩,这种新粒子被重新命名为 J/ψ 介子。1976 年,丁肇中和里克特由于发现了 J/ψ 介子而荣获诺贝尔物理学奖。

其实,丁肇中和里克特是通过不同的思路和实验手段,各自独立地发现了这种新粒子的。这一有趣的事实再次表明:任何一项发现或发明,固然与科学家个人的努力分不开,但也说明了一旦各种客观条件已经成熟,科学理论的建立、科学发明创造在不同的地方同时被人们完成就成为不可避免的了。究竟是哪一位科学家能撷取科学的桂冠是偶然的,而对那些为之献身的科学家个体来说,则又是必然的。

如果说丁肇中实验组是因为他们严谨踏实、一丝不苟而赢来丰厚的回报,那么,里克特实验组则是因为其执著的追求而取得丰硕成果的。他们的成功,是必然的。

一个理论的建立、一个发明创造揭示同一个自然界的奥妙,几乎同时为两个或更多的人或团体各自独立地完成,在科学史上这种事例并不少见。例如,牛顿和莱布尼茨各自以不同的方式发明了微积分;1858 年,达尔文和华莱士(Alfred Russel Wallace,1823—1913)几乎同时提出生物进化的自然选择学说,他们的论文被同时提交给了伦敦林奈学会;罗巴切夫斯基(Николай Иванович Лобачевский,1792—1856)、高斯、鲍耶(János Bolyai,1802—1860)等人独立建立非欧几何学;勒维耶(Urbain Jean Joseph Le Verrier,1811—1877)、亚当斯(John Couch Adams,1819—1892)各自独立发现海王星;迈尔、焦耳、亥姆霍茨等各自独立创立热功当量理论;俄国的门捷列夫和德国的迈耶尔(Julius Lothar Meyer,1830—1895)几乎在同时各自独立发现化学元素周期律;相对论是由庞加莱(Jules Henri Poincaré,1854—1912)提出,爱因斯坦完成的。技术发明领域,也有这种同时性,而且这种"同时性……有一种使人难以理解的习性,即它们的出现(甚或消失)在旧大陆的两端几乎是同时的"。例如,希腊文化和中国文化中同时出现的齿轮,公元前后在小亚细亚北部沿海和中国大约同时出现的水轮等发明。甚至某些自然现象的解释也是不谋而合。例如,东汉时王充(27—约97)在解释日月与地球作相对运动,表现为东出而西没时,以转动的石磨上爬行的蚂蚁来比喻,而在大约同时的古罗马《建筑十书》中,对于天象的解释也采用了几乎完全相同的比喻。

丁肇中和里克特像以上科学家们一样,他们的科学研究朝着共同的方向发展,取得了同样的科学成果。在科学研究中,之所以会出现这种现象,是因为在科学发展的每个时期,科学家们往往根据社会实践需要以及科学发展过程中的重要问题而提出科研课题,而且,在某一时期内,人的认识水平又有相似之处,他们思考、研究和处理问题具有共同特点,正所谓"科学中经常有这样的巧合,有一个很难的问题,吸引了不同的人都在努力去解决它"。

里克特对他们的这种巧合有独特的看法,他认为:"我们的巧合不同寻常之处在于,我们的实验几乎同时完成,发表在同一期刊中,而我们相距3 000英里(约4 800千米),采用了完全不同的技术。这两个实验实际上是相互证实了彼此的正确。"

科学发现的同时性现象也昭示,一定的生产技术状况是科学产生、发展的必要的客观条件,只要这种条件具备了,人们就可以在不同的地点,不同的国家依靠个人的主观努力,在彼此毫无交往的状况下,几乎同时获得同样的科学发明①。试想如果没有高能加速器等现代科学仪器和设备,丁肇中和里克特是不可能在同一天各自在不同的地方发现同一种新的基本粒子的。

---

① 王育殊.科学伦理学[M].南京:南京工学院出版社,1988:27.

（三）"对牛弹琴"弹出大科学家

《对牛弹琴》是东汉学者牟融（？－79，字子优，北海安丘人）的代表作之一，讲述了战国时期公明仪为牛弹奏乐曲的故事。后来，"对牛弹琴"用来比喻对不讲道理的人讲道理，对不懂得美的人讲风雅，也用来讥讽人讲话时不看对象。不过，在科学领域，"对牛弹琴"有时却能弹出大科学家。

著名华裔数学家、哈佛大学的丘成桐（1949—　）教授就是一位"对牛弹琴"弹出的大科学家。他于1982年获得数学界的诺贝尔奖——菲尔兹奖，后又获得了克拉福德奖（1994）、沃尔夫奖（2010）等奖项。丘成桐在一次面向大众的讲座中坦言，他是在加州大学伯克利分校获得博士学位的，其专业是数学，但他选修了一门物理系的课。丘成桐回忆道，刚上这门课时感到很痛苦，整个教室的那么多学生可能就他一个最懵懂，开始啥都听不懂，一学期下来才勉强弄懂一个概念。他没想到，后来在数学研究上的突破就是受这个物理学概念的启发而做到的，由此获得了数学界的最高荣誉。

普林斯顿高等研究院的爱德华·威滕（Edward Witten，1951—　）博士，也是一位"对牛弹琴"式的成功者。他是当今最知名的理论物理学家，被认为是当今爱因斯坦学术第一继承人，还被普林斯顿大学校长评为"七个在世的影响世界的思想家"之一。威滕教授于1990年获得菲尔兹奖，而他的研究领域则是理论物理，被誉为

"活着的爱因斯坦"。就是说，威滕教授是物理学界芬芳，数学界开花。他在专业背景上可以说是一个传奇人物：他本科学的是美国马萨诸塞州布兰戴斯大学（Brandeis University）语言学和历史学，后在威斯康星大学读了一年的经济学研究生，再后来又到普林斯顿大学学习应用数学。作为文科生出身的他，在求学生涯中不知有多少场合会遭遇"对牛弹琴"的尴尬，他需要多大的勇气，才能一次次突破自己。正是因为他这样"被牛"多了，所以最后才成就为一位世界级的"超牛"。

丘成桐、威滕的成功，得益于美国"对牛弹琴"式的教育制度。试想一下，如果没有富于弹性的考试制度的话，丘成桐大概也不敢冒着不及格的风险去修一门自己专业之外的课，那么很可能就没有一个姓"丘"的菲尔兹奖得主。如果美国大学招收研究生的标准，不太欢迎不同专业背景者来学习本专业的话，大学主修为文科的威滕就不会有机会成为经济学、数学专业的研究生。

其实，"对牛弹琴"式教育是有其科学性的。这对"弹琴"者来说是一种挑战，因为它让学者从极不相同的视野来呈现自己的专深知识；而对"听琴"者则是一种巨大冲击，这两者的碰撞往往会导致思想突破，最后造就出创新型人才。

在美国学习、工作多年的语言学家石毓智先生，在2010年借学术休假的机会返回母校斯坦福大学访学一年。他那时正在为研究"钱学森之问"收集例证，就着意去听了几次他基本听不懂的讲座，其中包括威滕的三场。另外还有，一天中午，他到斯坦福大学商业中心的一家餐厅吃饭，这里是该校最热闹的地方，一天到晚都是熙熙攘攘的人流，看到餐厅门口的院子里有一片贴着五颜六色的大画板，每块画板前都站有一名学生，不时有人会驻足观看一下，那些学生就比划着给围观者讲解。他走到跟前才搞清楚，原来是工程学院的一个班级的高年级大学生在做活动，他们把自己的实验成果制成大幅的彩色图纸，并附上简单的文字说明，给过路者耐心地讲解他们的实验内容、意义和实用价值。由于这种学生活动他还是头一次碰到，出于好奇，就买好一份饭，走到他们的展区边吃边看。这些学生一见有人走过来，就热情地给他讲解。他只是条件反射地不住地连连点头，其实啥也没

146

听懂,就是凑个热闹。当时他心想,围观者中间有不少是像我这样文科出身的人,绝大多数是没有工程科学背景的,这些大学生在吃饭的时候做讲解不是瞎耽误工夫吗?尔后他逐渐悟出个中奥妙,这种活动的背后蕴藏着另一种教育理念,挑战这些学生的能力,学会如何把高深而抽象的科学道理用通俗的语言说清楚,让各种各样的门外汉们也能理解。如果一个学生能做到这一点,就不仅是一种能耐,而且还可以从中获得成就感。

斯坦福大学博士论文答辩有个很特别的规定,答辩委员会主席必须由一位非专业的教授担任,而且此人必须至少提一个问题,让博士生回答。这就好比答辩现场突然闯进来一头牛,非常考验一个博士生的应变能力,看你能不能找到一种创造性的方式,运用浅显易懂的语言,让一个外行听懂你博士论文的内容。在斯坦福大学的教育管理中,处处体现出"对牛弹琴"的理念。斯坦福要求,每个被邀请来的"大牛"都要"给牛弹一次琴",即面向全校乃至附近社区的民众做一次大众演讲。这也是一种值得借鉴的学术交流方式,既能提高大众的科学素养,又能激发人们的灵感。

提倡"对牛弹琴"教学法,不仅要有合适的文化氛围,而且还要有配套的政策措施。美国大学的考试制度极具有弹性,对于同一门课,学生可以选择不同的考试方式,那些选择五分制等级者需要参加考试或者写研究报告,而那些选择"通过/不过"者只用听课就行了。这样就允许各种各样学科背景的学生,都可以来选修这门课,不用担心会不及格而在自己的成绩单上留下污点。这样的考试制度,就在同一个班级上课的学生中,有的是这门学科的高才生,有的则是一窍不通的"傻牛",这帮人争论起来,那真是险象环生,什么意想不到的事情都可能发生,"乱弹琴"肯定是避免不了的。不过这种课堂氛围,老师也乐见,学生也习惯,而且能够造就杰出的科学家。上述两个数学菲尔兹奖的得主都是得益于这种教育体制①。

---

① 石毓智.美国大学教育为何鼓励"对牛弹琴"?［N].羊城晚报,2017-02-25(B01).

（四） 科学研究中的"坚韧不拔"

　　科学研究从来都不是一帆风顺的，其中必有清苦、失败、嘲讽，但只要不自暴自弃，坚韧不拔地干，一定能守得云开见月明。法国著名昆虫学家法布尔（Jean-Henri Casimir Fabre，1823—1915）的人生经历对此作了很好的诠释。

　　法布尔出生于法国南方阿韦龙（Aveyron）省一个叫圣莱翁（Saint-Léons）的村子里，青少年时期是在贫困和艰难中度过的。为了谋生，年仅 14 岁的法布尔就外出工作，曾在铁路上做苦工，做过市集上卖柠檬的小贩，经常在露天过夜。然而，虽身处困境，法布尔却没有放弃对知识的追求，从未中断过自学，最终考取了阿维尼翁（Avignon）的一所师范学校官费生。在这所师范学校里，法布尔对自然界动植物的兴趣比对"扼杀人性的语法"大得多。

　　从师范学校毕业后，19 岁的法布尔被派往卡庞特拉（Carpentras）当了一名小学教师，教授博物学。他一面工作，一面自学，而且还拿到了数学学士学位。之后，他又取得了数学、物理两个硕士学位，并获得物理和数学教师的证书。之后，他申请中学老师的职位。1849 年，他被委派到科西嘉岛（Corsica）的一所中学教授物理和化学，但对昆虫的兴趣更为浓厚，经常带领、指导学生去观察与研究昆虫。1853 年，法布尔重返法国大陆，受聘于阿维尼翁的一所学校。1857 年，法布尔发表了《节腹泥蜂习性观察记》，由此赢得了法兰西研究院的赞誉，被授予实验生理

148

学奖。这期间,法布尔还将精力投入到对天然染色剂茜草或茜素的研究中。1860年,法布尔获得了此类研究的三项专利。后来,法布尔应公共教育部长维克多·杜卢伊(Victor Duruy,1811—1894)的邀请,负责一个成人夜校的组织与教学工作,但其自由的授课方式引起了某些人的不满。于是,他辞去了该工作,携全家于1870年搬到奥朗日(Orange),过着著书、观察昆虫的生活。由于抚养一家七口,负担沉重,幸好他的科学读物陆续出版,总算勉强度日。但在1871年,因为发生德法战争,无法按时取得版税和稿费,生活更加困苦。接下去几年,植物同好密尔(John Stuart Mill,1806—1873)、与自己兴趣相投的次子朱尔(Jules,1861—1877)相继去世,法布尔深受打击,身体也大不如前,感染肺炎几乎死去,幸以坚强的意志力渡过难关。1879年,他终于把20多年的观察资料编成《昆虫记》(*Souvenirs Entomologiques*)第1册。同年,因房东将奥朗日家门前的两排悬铃木砍掉,他愤而搬家,在塞里尼昂(Sérignan)找到理想中的家园,取名为"阿尔玛斯"(Harmas,荒地的意思)。在这里,法布尔可以不受干扰地专心观察昆虫,并专心写作。阿尔玛斯的庭院中有很多耐旱、多刺的植物,是各种昆虫的乐园,也是法布尔余生的伊甸园。在这里,法布尔勤奋地工作。每天早餐后,他便来到露水未干的花园,顺着一条种着紫丁香的小路慢慢散步,边走边思索着研究的题目,然后走进宁静的实验室,一直工作到中午12点。下午,法布尔便带着纸、笔和放大镜走进花木之间观察昆虫,最快乐的莫过于吃过晚饭之后的那段时光,法布尔有时在灯下读书,有时独自坐在寂静的黑暗里,聆听着从昆虫世界传来的美妙歌唱。如果是夏天,法布尔便拎着提灯,带领孩子们去观察蜈蚣、毛虫、蜘蛛、蝎子等小东西。他们看到聪明的蜘蛛是如何巧妙地将网结成蔷薇花形,他们还看到行动古怪的地中海黄蝎(scorpion languedocien)是怎样你扭着我、我扭着你地在一起嬉闹。法布尔将夜间的观察称为"消遣",对于法布尔来说,那里蕴含着无穷的乐趣。

自1879年《昆虫记》首册出版后,法布尔在自己的乐园以约3年1册的进度完成《昆虫记》全部10册的写作。《昆虫记》又称《昆虫世界》《昆虫物语》《昆虫学札记》或《昆虫的故事》，既是一部概括昆虫的种类、特征、习性和繁衍的昆虫学巨著，同时也是一部富含知识、趣味美感和哲理的文学宝藏。法布尔撰写《昆虫记》时一丝不苟，书中的内容都是从他多年积累的材料中精心挑选出来的，对于那些暂时没有答案的问题，他总是保持沉默，从不妄加猜测，他的结论都是经过事实印证的。例如，他听说蜜蜂有辨别方向的能力，就亲自作一次实验。他从自家的蜂箱里取出 40 只蜜蜂，在它们背部标上白色的记号，并且让女儿阿格莱在家中记下第一只带白色记号蜜蜂返回家的时间，然后核对好钟表的时间便带着蜜蜂来到 4 公里外的地方放飞，20 只蜜蜂被放开后立即四散飞去，余下的蜜蜂因伤残无法起飞，被排除在实验之外。蜜蜂被放后不久，天空忽然乌云密布，起风了。那些归巢的蜜蜂能否越过这阵顶头风呢？法布尔在回家的路上沉思。他担心这突如其来的阵风会使那 20 只蜜蜂迷失方向。但当他推开家门后，女儿阿格莱兴奋地告诉他，已经有两只带有记号的蜜蜂返回了，最后，20 只蜜蜂陆续归巢。法布尔将自己的实验写进了《昆虫记》。法布尔对昆虫的观察十分仔细，从不肯放过一个微小的细节，以至于大科学家达尔文称他是"举世无双的观察家"。[1]

　　法布尔对昆虫的观察，有的长年累月。例如，为了对斑蝥、地胆这类甲虫复变态秘密的揭示，法布尔竟整整花了 25 年的时间。法布尔通过对蜣螂的 40 年观察研究后，惟妙惟肖地描绘这种昆虫的形象，尤其是它制造和搬运粪球的过程，更被他描写得逼真而风趣。蜣螂在找到了人畜粪便后，总是用它头上的齿状硬角和前足把粪便卷成一个个圆球，然后用两条前腿交错行进，把粪球推回"家"去。一路上，可能会遭到袭击：一只懒得自己制造粪球的蜣螂，也许会假惺惺地去帮助另一只正吃力地推动粪球的蜣螂，但这个被帮助者稍不防备，粪球就会被那只懒蜣螂掠走。有的蜣螂干脆公开抢劫，与搬运粪球的蜣螂撕拼一番，胜者占据粪球，败者悻然离去。粪球是蜣螂的食物，有一次法布尔竟连续观察一只吃粪球的蜣螂达 12

① 石蕾.法布尔[M].北京：中国国际广播出版社，1998：43—44.

小时之久①。

　　法布尔研究昆虫,主张到大自然中去观察、去研究活生生的昆虫。《昆虫记》是法布尔数十年如一日,头顶烈日,冒着寒风,起早熬夜,放大镜和笔记本不离手,长期观察、研究昆虫的结晶。

---

① 金歌. 中外名著博览:自然科学[M].上海：上海科学技术文献出版社,2015：283—284.

（五） 科学研究的"动机"

科学家开展科学研究,有时候不只是出于科学本身的需求,也是出于某种动机的需要。科学家的这种需要,既包括其作为一个普通人的生理的需要、安全的需要、归属和爱的需要、尊重的需要、自我实现的需要,也包括其作为科学共同体中一员的需要,那就是在科学上做出科学发现、技术发明。科学与需要的这种关系,在医学研究中尤为明显,如我国南宋中医学家陈自明,就是因力求消除当时医界弊端、社会偏见,而致力于医学研究与实践的。

陈自明,字良甫,1190 年出生在抚州临川(今属江西省)一个世代医生的家庭里。他的祖父、父亲是当地的名医。家里藏书很多,从小受到医学熏陶;在耳濡目染之下,对医学发生了兴趣,14 岁时就已通晓《内经》《神农本草经》《伤寒杂病论》等经典医学著作。成年之后,为了开扩眼界,游学东南各地。他除了继承家传医疗技艺和良方外,又广泛搜集方书,带回家后,闭门细细研读。陈自明善于吸收众家的长处,成为通晓内、外、妇、儿各科的名家,尤其擅长妇科和外科。他曾于嘉熙年间(1237—1240)任建康(今南京)明道书院医学教授。

封建社会,妇女受到歧视,被压在社会的底层,给妇女带来福音的妇产科医生,也被人们轻视。产科被看作是接生婆——稳婆的事,几乎无人问津。实际上,顷刻之间,决定母子生命的产科,在当时条件下,是很不容易掌握的一门学问。陈自明对当时妇产科不受社会重视深感不安。他亲眼目睹妇产科病人,不时被病魔夺去了生命;有些人即使勉强生存下来,也是疾病缠身,长年不愈,痛苦不堪。他认为"医之术难,医妇人尤难,医产中数症,则又险而难"。在他任明道书院医学教授之职时,我国中医妇产科尚不完备,相关专著,如公元1109年宋代李师圣写的《产论》,公元1098年杨子建写的《十产论》,公元1109年郭稽中写的《产科经验宝庆集》(又名《产育宝庆方》),公元1184年朱瑞章写的《卫生家宝产科备要》等,内容比较简略,编写时缺乏统一的体例和系统的理论,使学习的人,无从全面了解和掌握。一个医生,即使读了这些书,当遇到问题时,难免用了一方无效,便束手无策。或者医生没有更多的医方作依据,只好凭经验揣摩猜测。结果,因为种种原因,药物不能发挥作用。于是,他便潜心钻研中医妇产科,遍览历代留存的30多种妇产科著作,博采众长,结合家传验方进行整理,于嘉熙元年(1237年)编成我国历史上最早的一部妇产科专著《妇人大全良方》24卷。

《妇人大全良方》由他儿子陈六德修订补充,后来又经过明代名医薛己(1487—1559)和王肯堂(1549—1613)的整理,编排和删节、补充,是一部流传很广,对后世颇有影响的专著。这部书,共二十四卷,分八门,有272论。每一论引用《内经》和《诸病源候论》等书的原文,论后附临床的典型病例。书中有些内容,是他自己的经验和独到的见解。例如在调经门中,月经痛可应用祖传秘方以延胡索为主的方剂,因延胡索有明显的止痛作用。虽然在宋初的《日华子本草》里曾经将延胡索用于治疗心痛,但较多地用于治痛经,则可能是从陈自明才开始的。一般闭经,他用健胃药。结核引起的闭经,主张用滋补药,不能用通经药。在求嗣门中,他反对早婚,认为从生理上看,男子30岁,女子20岁,是比较合适的结婚年龄。他通过细心的观察和研究,指出痢疾有明显的季节性和传染性,否定了古人所说,毒疫痢(痢疾)是由积滞引起的错误观点。在公元13世纪,能提出这样符合科学原理的痢疾病因学观点,是难能可贵的。

陈家世代长于内科,当时叫作大方脉,但也经常碰到患痈疽的病人,可是治好的却不多。当时社会上鄙薄医学,更看不起外科。学外科的多半是文化程度不高,对理论不感兴趣,因而医术不大高明的人。他们一见方书中理论知识多就厌弃,看病时临时查方书,病人懂得医理的问了几句,便慌了手脚。有的医生贪财,竟拖延病情,不立即用对症的药。陈自明对当时外科医术和医德方面的这些问题,感到痛心。在这种情况下,他参阅了李迅《集验背疽方》和伍起予的《外科新书》等医书,撰写《外科精要》,其3卷本于1263年问世。该书对治疗痈疽极有创见,认为“外科疮疡”不是单纯的局部病变,而是人体脏腑气血寒热虚实方面盛衰变化的后果,在治疗上不能满足局部攻毒,而应着眼于内外结合,服敷结合,治标与治本结合。后来,明代医学家薛己对这部书又进行了校注,并附上治验病案,编为四卷,使原书的内容更加充实和提高。此外,陈自明还写过《管见大全良方》(已佚),它的部分内容保存在朝鲜的医学丛书《医方类聚》里①。

陈自明的医疗思想非常积极,曾言“世无难治之病,有不善治之医;药无难代之品,有不善代之人”。他的医德也非常高尚,治病不论贫富,一视同仁,随到随诊,对特殊困难者,不取分文。对于一些贪人钱财的庸医,斥为“用心不良”。当时,有的医生得到一两个验方,便秘不外传,有的还将常用的验方改头换面当作祖传秘方,予以炫耀。陈自明十分反对这样做,便将自己家传的许多验方糅合于上述两书中,公之于世,因而深为人们所称道。他在《外科精要》自序中说:“仆三世学医,家藏医书若干卷,既又遍行东南,所至必尽索方书以观,暇时闭关静室,翻阅涵泳,究及末合。”由于他对医学理论加以深刻探讨,对中医妇科与外科进行了精深的研究和全面的总结,成为一位杰出的妇产科专家,在我国医学史上留下了浓墨重彩的一笔。

---

① 赵友琴.医学五千年:中医部分[M].北京:原子能出版社,1990:231—234.

（六） 科学与应用

科学与应用的关系，一方面是数学、物理、化学、天文、地理、生物等大量的基础科学知识直接应用到技术、发明与工程之中，产生各类关于技术与工程的学科，然后，这类技术与工程学再进一步应用到军事国防、经济发展、日常生活等领域的各个方面。例如，1914 年，英国人兰彻斯特（Frederick William Lanchester，1868—1946）通过对战争的全面研究和宏观分析，提出了可用微分方程形式（兰彻斯特方程）来描述作战双方军事力量的变化，首次将数学的定量分析应用到军事运筹中。另一方面是一些生活、军事等方面的应用需要，引发基础科学的进步与发展。例如，16 世纪 30 年代，荷兰数学教授弗里修斯（Gemma Frisius，1508—1555）在解决了炮手们如何确定射程（即大炮到目标之间的准确距离）的问题时，由此创立了三角测量学；1742 年，基于对火炮性能的第一手研究和数学原理的应用，英国数学家罗宾斯（Benjamin Robins，1707—1751）发表了《射击学新原理》。可见，科学的应用比比皆是，而应用的需要又惠及科学的进步。下面以密码学如何应用那些基础科学来发展自身，密码学在政治、军事、经济、社会等领域的应用过程中如何得到发展为例，来说明科学与应用的这种相互关系。

密码学是研究编制密码和破译密码的技术科学，是编码学（研究密码变化客观规律，应用于编制密码以保守通信秘密）和破译学（应用于破译密码以获取通信情报）的总称。作为研究如何隐秘地传递信息的学科，在现代密码学特别指对信息以及其传输的数学性研究，常被认为是数学和计算机科学的分支，与信息论也密切相关。

1. 人工时代的密码学。文字的出现和战争的需要诞生了早期的信息保密方法，如隐藏术、隐写术、飞鸽传书、将情报写在光头上等。斯巴达棒被认为有文字以来人类最早使用的加密解密工具。古希腊城邦的斯巴达人，将羊皮纸缠绕在一根圆木棍上，然后在羊皮纸上面写上文字，羊皮纸解下后上面的文字变得杂乱无章，收到羊皮纸的人用相同的方式缠绕到同样粗细的木棍上，文字内容就显现出来。斯巴达棒的加密原理在密码学上被称为"换位加密法"。中国古代用藏头诗、藏尾诗、漏格诗以及回文诗等形式，将要传递的真正信息隐藏起来，也算是换位加密法的一种形式。古罗马军队的首领恺撒（Gaius Julius Caesar，公元前100—公元前44）发明了一种按罗马字母表的顺序进行循环移位的加密方法，即"单表字母替换法"。该方法替换规则比较简单，故容易被密码分析者破解。

2. 机械时代的密码学。大致在15世纪中期，单表字母替换加密法已经无法满足需要，很快被多表字母替换加密法取代。这种方法是明文中的同一个字在不同的位置会有不同的替换字母。最著名的多表字母替换加密法是维吉尼亚（Vigenère）密码术。多表字母替换加密要比单表字母替换加密复杂了许多，也使得密码分析的难度加大许多。在加密技术上，1795年，美国第三任总统托马斯·杰弗逊（Thomas Jefferson，1743—1826）发明了一种转轮加密器。在密码分析上，英国人巴贝奇（Charles Babbage，1791—1871）大约在1854年用统计学方法破译了维吉尼亚密码。德国人卡西斯基（Friedrich Kasiski，1805—1881）在1863年提出了卡西斯基试验法，来破解维吉尼亚密码。在美国画家、电报之父摩尔斯（Samuel Morse，1791—1872）发明有线电报，意大利的马可尼和俄国的波波夫（Александр Степанович Попов，1859—1906）发明无线电报之后，有线电报和无线电报成为军事上的主要通信工具。截获信息和传递信息变得一样容易，加密和解密的竞赛更加激烈。在第一次世界大战中,密码学得到广泛应用,密码分析学的贡献更为人称赞。英国海军部的 40 号房间成功破译德国外交秘书(相当于外交部长)齐默尔曼(Arthur Zimmermann,1864—1940)的电报,美国黑室破解包括德国、英国、法国等 20 多个国家的密码,为同盟国取得第一次世界大战胜利做出了贡献。

3. 电气时代的密码学。第一次世界大战结束后,德国电气工程师谢尔比乌斯(Arthur Scherbius,1878—1929)发明了名为"恩尼格玛"(Enigma)的密码机,把密码编制技术从手工时代带到了机器时代。恩尼格玛密码机的发展完全是市场需求带来的。1918 年,谢尔比乌斯申请了密码机专利,1923 年开始商业化生产。1926 年,正在寻求新密码系统的德国海军成为谢尔比乌斯密码机第一批买主,并对此进行系列改造。1933 年纳粹上台后,希特勒政府更是大肆扩充军队,恩尼格玛密码机成为最重要的秘密通信工具。密码编制学家能够利用电气化机械进行加密,密码分析学家也不甘落后太多,即利用电气化机械进行破译。一批数学家代替原来的语言学家、纵横字谜高手、国际象棋高手等破译专家,正式走上了密码分析学的舞台。1932 年,经过严格数学训练的雷耶夫斯基(Marian Adam Rejewski,1905—1980)、齐加尔斯基(Henryk Zygalski,1908—1978)和鲁日茨基(Jerzy Różycki,1909—1942)加入了波兰密码局,以破译恩尼格玛密码机产生的密码。英国布雷契莱庄园(Bletchley Park)的"政府密码学校"则后来居上,出现一些破译高手,如被誉为现代计算机科学奠基人的数学家阿兰·图灵(Alan Mathison Turing,1912—1954),数学家塔特(William Thomas Tutte,1917—2002)和纽曼(Max Newman,1897—1984)。

4. 计算机时代的密码学。第二次世界大战结束后出现的计算机,是密码编制的克星,计算机的高速运算能力使得机器密码不堪一击。于是,出现了一些新的加密技术,如数字加密标准(DES)、高级加密方案(AES)。

5. 网络与移动通信时代的密码学。网络出现后,使身处异地的人们通过网络就能进行保密通信、数据资料传递、文件与合同签署、资金网络支付等。这些应用对密码学提出了更高的要求：保密和认证。1976 年，美国斯坦福大学的迪菲（Whitfield Diffie，1944—　）和赫尔曼（Martin Hellman，1945—　）联名发表了论文《密码学的新方向》，提出了公钥密码的解决方案。1978 年，美国麻省理工学院三位科学家李维斯特（Ron Rivest，1947—　）、沙米尔（Adi Shamir，1952—　）和阿德曼（Leonard Adleman，1945—　）发表了论文《获得数字签名的方法与公钥密码系统》，首次提出了"RSA 方法"。1985 年，米勒（Victor Saul Miller，1947—　）和柯布里兹（Neal I. Koblitz，1948—　）发明了 ECC 加密法。

可见，现代密码学是一种典型的应用科学，是满足需要的科学。语言分析学、数学、物理学、生物学等学科的发展，为密码学提供了基础知识；文字书写技术、印刷技术、电报与无线电技术、网络技术的出现，增加了信息传递的速度和数量，也使得密码编制与解密分析活动更加频繁；战争时期外交军事信息的保密、企业之间商业信息的秘密传递、信息化时代个人的隐私保护等的需要，进一步扩大了密码学的应用，也成为密码学发展的动力①。

---

① 张九庆. 科学的进步：表现与动力［M］. 北京：科学技术文献出版社，2014：103—115.